Su

Eu

Tsu

NHK Publishing

NHK

趣味の園芸

12か月栽培ナビ
NEO

多肉植物
ユーフォルビア
Euphorbia

靏岡秀明

奥から、バルサミフェラ、
蘇鉄キリン、スパンリンギ
ー、ギムノカリキオイデ
ス、ラミグランス交配種

もくじ
Contents

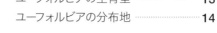

12か月栽培ナビ

[本書の使い方]

本書はユーフォルビアの栽培に関して、1月から12月の各月ごとに、基本の手入れや管理の方法を詳しく解説しています。また主な原種・品種の写真を掲載し、その原生地や特徴、管理のポイントなどを紹介しています。

ラベルの見方

Euphorbia obesa ssp. obesa ← ①

	春秋型	← ③
② → **オベサ**	最低温度3℃	← ④
	★★★☆☆	← ⑤
	南アフリカ(東ケープ州)	← ⑥

直径9〜12cm。原生地では灌木の陰や開けた場所の砂地に自生。年数がたち、直径が限界に達すると円柱状になり、下から木質化。自株の花粉による肌荒れや生育不良などで木質化が早く進む。雌雄異株。花期はカイガラムシに注意。 ← ⑦

① 学名のアルファベット表記

② 学名のカタカナ表記または園芸名

③ 生育型を「春秋型」「冬型」「夏型」の3つに分けて表示

④ 生育に必要な最低温度
（この温度を下回ると枯死するおそれあり）

⑤ 栽培難易度を5段階で表示
（丈夫でも、きれいに育てるのが難しい場合、難易度は高めに表示）
★☆☆☆☆　とても育てやすい
★★★☆☆　普通
★★★★★　とても難しい

⑥ 主な原生地

⑦ 特徴、栽培上の注意点など

ユーフォルビアの魅力
→5〜14ページ
ユーフォルビアの素顔や楽しみ方、主な分布域や生育型について紹介しています。

ユーフォルビア図鑑
→15〜52ページ
ユーフォルビアの原種、交配種、園芸品種のなかから90種類以上について写真で紹介。それぞれの種の主な原生地、栽培の注意点に関する解説もつけました。

12か月栽培ナビ
→53〜91ページ
1〜12月の月ごとの手入れと管理の方法について初心者にもわかりやすく解説しています。主な作業の方法は、主として適期にあたる月に掲載しました。

育て方の基本
→98〜101ページ
ユーフォルビアを育てる際に知っておくべき置き場、水やり、肥料など、栽培の基本を解説しています。

ユーフォルビア栽培Q&A
→102〜108ページ
ユーフォルビアの栽培でつまずきやすいポイントや疑問点をQ&A形式で解説しています。

●本書は関東地方以西を基準にして説明しています。地域や気候により、生育状態や開花期、作業適期などは異なります。また、水やりや肥料の分量などはあくまで目安です。植物の状態を見て加減してください。
●種苗法により、品種登録された品種については譲渡・販売目的での無断増殖は禁止されています。また、品種によっては、自家用であっても増殖が禁止されていることもあるので、さし木や株分けなどの栄養繁殖を行う場合は事前によく確認しましょう。

Chapter 1

ユーフォルビアの魅力

多肉植物のなかでも、
姿かたちが特に独特なものが多いのが、
ユーフォルビア。
スタイリッシュなもの、
野性味あふれるもの、
ぷっくりとしてかわいらしいもの……
煌めく個性で私たちを魅了する
ユーフォルビアに、詳しく迫ります。

ホリダ

ユーフォルビアの素顔と楽しみ方

どんな植物?

多肉植物のなかでも種の数が多く、大きなジャンルとして君臨するのがユーフォルビアです。その姿はまさに千差万別。それぞれの個性も強く、「かっこいい」も、「かわいい」も、「いかつい」も、「しぶい」も、すべてがそろっています。

植物学的には?

分類学上は、トウダイグサ科トウダイグサ属(*Euphorbia*)に属し、最近ではユーフォルビア属とも呼ばれることも多くなっています。2000種以上が記載され、熱帯から温帯にまたがる世界の広い地域に分布し、形態も一年草、多年草、低木と多様で、環境もさまざま。共通の特徴としては、花のつくりがあります(11ページ参照)。

このなかで、園芸的に多肉植物として扱われるのは500〜1000種です。主な原生地は南アフリカ、マダガスカルのほか、アフリカ各地、カナリア諸島、アラビア半島、熱帯アジアなど。ほとんどが砂漠気候やステップ気候の乾燥帯、もしくは熱帯のサバナ気候などの雨季と乾季がはっきりした地域です。降雨量が少ないため、茎(幹や枝)や根に水分をため込み、多肉化しています。

園芸植物として

一般の栽培は19世紀後半のヨーロッパからで、サボテンに似た植物として愛好家の間に広がりました。日本へは明治時代にほかの多肉植物とともに導入され、趣味家の間で栽培されるようになりました。

最近の多肉植物ブームのなかで、その多様な魅力が注目を集め、急速に人気が高まってきました。特にファンが多いのは、オベサ、バリダ、ホリダ。いずれもバリエーションが豊かで、個性的な個体が多く、こだわって収集、栽培する方がふえています。栽培家の間では交配、育種が盛んになりつつあり、新たな種類の登場で、さらに人気が加速することが予想されます。

**おなじみの
この園芸植物も**

クリスマスシーズンを飾るポインセチア(左)、寄せ植えなどに人気の「ダイアモンド・フロスト」(中)、最近、庭の植栽に用いられるカラキアス・ウルフェニー(右)もユーフォルビアの仲間。

球形タイプの人気種、オベサ（左）、笹蟹丸（右）と、両者をかけ合わせた交配種（笹蟹丸×オベサ、手前）。

柱形タイプはサボテンを思わせる種類が多い。左から紅彩閣、矢毒キリン、白樺キリン。

小型でグリーンが美しい種類はインテリア感覚で楽しめる。手前から峨眉山、瑠璃晃、鉄甲丸。

開花したラメナ。株元がふくらんだコーデックスタイプはどこかユーモラス。

側面の木質化
肌荒れなどが原因だが、枯れた独特の味わいを好む人がふえている。

稜の変化
均整のとれた幾何学模様に生じた増稜も生育過程の見どころの一つ。

point 2 個体の魅力
同じオベサでもこんなに違う

稜の数の違い
オベサの魅力は「稜」と呼ばれる頂部から下へ続く盛り上がった部分。普通は8稜だが（左）、右の12稜のように、稜の多い個体もまれに出現。

際立つ個体差
①一般的なオベサ。②長年栽培すると円柱状に。③栽培条件によってはくぼみのできるものも。④12稜のオベサは側面が緻密。⑤稜が自然に乱れ、亀甲模様に。

① ② ③ ④ ⑤

紅彩閣×ホリダ。とげのように見えるのは花柄。

ノースベルテンシス。2～5本の強いとげ。時の経過で黒褐色に。

アエルギノーサ。枝の模様の上から1対のとげ。

カナリエンシス。稜に1対のとげ。

笹蟹丸。柔らかいとげ。

黄刺エノプラ モンストローサ。数多く伸び出した枝の先端のとげ。

point
3 とげと花柄

イカツいからこそカッコいい

飛竜。葉の縁の鋸歯に1対のとげ。

群星冠。星形の強いとげ。

グロエネワルディー。角状に分岐した枝から出た1対のとげ。

**ヘビのように
うねる**
カプトメデューサ。
命名は髪が毒蛇の
怪物メデューサか
ら。20年以上の大
株。

チューブ状の枝
ギラウミニアーナ。
チューブ状の枝の
分岐と、ざらざらと
した灰色の肌。

つるりとした肌
エツベルクローサ。
伸び上がるライム
グリーンのなめら
かな肌の枝。

塊茎の共育ち
スパンリンギー。ふ
くらんだ塊茎が分
かれて双頭に。

**幹を短い枝が
覆う**
ムルチセプス。肥大
化した幹に短い枝
がびっしりとつく。

形もつき方も
不思議でいっぱい

苞葉（苞）。葉が変化したもの。

中央に1つの雌花があり、まわりには複数の雄花がある

腺体。蜜が出るところ。昆虫を呼び寄せる。

バリダの雄株

バリダの長い花柄は花が終わったあとも残り、独特の株姿になる。

花柄

開花した雄花

腺体に囲まれて複数の雄花がつく。雄花には雄しべが1本あるのみ。雩、花弁はない。

腺体

1 雌雄同株

苞葉に包まれて雄花、雌花が咲く

ユーフォルビア特有の花のつき方は「杯状花序」と呼ばれ、花びらに似た苞葉に包まれるようにして花が咲く。写真のゲロルディーは1つの株に雌花と雄花が咲く「雌雄同株」。

2 雌雄異株

雄花、雌花が別々の株に咲く

ユーフォルビアは、雄花の咲く雄株と、雌花が咲く雌株に分かれた「雌雄異株」の種類も多い。結実には雄株、雌株の両方が必要だが、交配によって、多様な次世代が生まれる。

柱頭

子房。3室に分かれていて、1つの子房から3個のタネがとれる。

腺体

オベサの雌株の開花と結実

自然状態では受粉は昆虫によって媒介される。受粉すると子房がふくらんでくる。

株の個性を生かす鉢にこだわる

ユーフォルビアは、
種類によって株姿が大きく異なり、
幹や枝の色、樹高なども含めると、
じつに多種多様です。
その強い個性は、合わせる鉢しだいで、
見違えるほど引き立ち、輝きます。

左から、ギラウミニアーナ、セプルタ、ラミグランス交配種、ワリンギアエ、安曇野鉄甲丸、ポリゴナ、バルサミフェラ。

column

綴化を楽しむ

植物の主な成長点は枝（茎）の先端の1か所にあるが、まれに変異により、成長点が分かれて連なって枝や葉などが扇状に広がったり、成長点がふえて枝分かれや子吹きを繰り返したりして、元の状態とはかけ離れた姿の株になることがある。これを綴化（あるいは帯化、石化）といい、多肉植物では希少さから珍重される。最近ではモンストローサと呼ぶことも多い。

紅彩閣 モンストローサ

ラクテア錦綴化

ユーフォルビアの生育型

年間の生育サイクルの違い

　多肉植物の栽培では、年間の生育サイクルの違いをもとに、「夏型」「春秋型」「冬型」の3つの生育型に分けて考えるのが一般的です。本書でも同様に、この3つの生育型で植物の解説をしています。

　しかし、ユーフォルビアの実際の栽培管理では、「春秋型」と「冬型」との間には大きな違いはなく、共通する部分が多くあります。そのため、以下の栽培ページでは「春秋型・冬型」とひとまとめにし、「夏型」との2通りの場合に分けて解説しています。

各生育型の特徴

春秋型……多くの種類がこの生育型

　春と秋の気温が高すぎず、低すぎない時期に、よく生育します。春は3月に入ると本格的に生育を開始し、花を咲かせ、葉を出し、枝を伸ばし、5月ごろに生育のピークを迎えます。

　高温多湿の梅雨は苦手で、生育が次第に鈍り、真夏の高温乾燥期には生育緩慢を経て、停止期に入ります。9月からの生育期にはよく成長しますが、冬には再び、生育緩慢の状態で、春を待ちます。ユーフォルビアは多くの種類がこの春秋型です。

●例／オベサ、シンメトリカ、メロフォルミス、バリダ、瑠璃晃、峨眉山、群星冠、エノプラ、ホリダ、アビシニカ、カナリエンシス、鉄甲丸、ゴルゴニス、ガムケンシス、飛竜など

冬型……生育の起点は秋

　春秋型と同様に、春と秋に最もよく成長します。春秋型以上に高温多湿が苦手で、梅雨どきになると生育緩慢になって葉を落とし、真夏には生育を停止します。

　春秋型と異なるのは、秋の生育期になると新葉を出し、種類によっては花を咲かせることです。寒さに比較的強く、冬は停滞しながらも生育を続けます。秋に年間サイクルが始まるという意味では「秋春型」「秋冬春型」と呼ぶこともできます。

●例／クリスパ、バルサミフェラ、エクロニーなど

夏型……マダガスカル原産が多い

　夏型といえども、最もよく生育するのは春と秋。寒さに弱い種類が多く、冬は停止し、春の生育開始も遅めです。暑さには比較的強く、夏も生育がゆっくりと続きます。

　マダガスカル産の種類が比較的多く、戸外で雨に当てて育てられる強健種もあります。反面、マダガスカルの高原産のコーデックスタイプは、夏型でありながら、夏の管理によっては衰弱しやすいデリケートさがあります（104ページ参照）。

　かつては、ユーフォルビアには夏型が多いとされてきましたが、日本では近年、高温多湿の熱帯夜が増加し、真夏は40℃を超す酷暑日もふえたことから、多くの種類は春秋型と考えて育てたほうが安全になりつつあります。

●例／ビグエリー、ゲロルディー、トゥレアレンシス、サカラヘンシス、キリンドリフォリア、ギラウミニアーナ、パキポディオイデス、ブリムリフォリア、スパンリンギー、ハマタ、アエルギノーサ、デシドゥアなど

ユーフォルビアの分布地

　多肉植物としてのユーフォルビアの主な分布地は、アフリカ、アラビア半島、南アジア、東南アジアで、砂漠気候やステップ気候の乾燥帯、もしくはサバナ気候などの雨季と乾季がはっきりし、降雨量の少ない地域です。

　南部アフリカでは、南アフリカ、ナミビア、アンゴラ、ジンバブエなど。東アフリカでは、マダガスカル、モザンビーク、マラウィ、ソマリア、ケニア、エチオピアなど。北アフリカでは、モロッコ、カナリア諸島などで見られます。なかでも南アフリカとマダガスカルには、特に個性的な種類が多く、愛好家に広く栽培されています。

南部アフリカとマダガスカル
気候区分と主な地名

本書で触れた南アフリカの州

① 西ケープ州
② 東ケープ州
③ 北ケープ州
④ ムプマランガ州
⑤ リンポポ州

凡例

熱帯	熱帯雨林気候
	熱帯モンスーン気候
	サバナ気候乾燥帯
乾燥帯	砂漠気候（年平均気温が18℃以上）
	砂漠気候（同18℃未満）
	ステップ気候（同18℃未満）
	ステップ気候（同18℃未満）
温帯	地中海性気候
	温帯夏雨気候
	温暖湿潤気候

地図はケッペンの気候区分を示したもの。カルビニア、ポート・エリザベス、トゥリアラの気候については97ページ参照。

World Köppen Map.png: Peel, M. C., Finlayson, B. L., and McMahon, T. A. (University of Melbourne) 本図はAfrica_Köppen_Map.png（1,500 × 1,816 ピクセル）(wikimedia.org)をもとに、国名、地名、行政区分などを追加し、再構成したものです。

人気の種類から
比較的希少な種類まで、
およそ90種類のユーフォルビアを
4つのタイプに分けて紹介します。
多様な株姿から、
お気に入りを見つけてみてください。

Chapter 2

ユーフォルビア図鑑

手前から、ワリンギア
エ、安曇野鉄甲丸、ポリ
ゴナ、バルサミフェラ

Euphorbia

球形タイプ

丸い玉やドームを思わせるシェイプ。放射状に伸びた稜の凹凸、表面を走る大胆なストライプ、鋭いとげや突起……。子株を吹きやすい種類が多く、群生した株姿も魅力の一つ。

Euphorbia obesa ssp. *obesa*

オベサ	春秋型
	最低温度3℃
	★★★☆☆
	南アフリカ（東ケープ州）

直径9〜12cm。原生地では灌木の陰や開けた場所の砂地に自生。年数がたち、直径が限界に達すると円柱状になり、下から木質化。自株の花粉による肌荒れや生育不良などで木質化が早く進む。雌雄異株。開花期はカイガラムシに注意。

Euphorbia obesa
ssp. *obesa*

オベサ(群生)

春秋型
最低温度3℃
★★★☆☆
南アフリカ(東ケープ州)

株元近くから子株が吹き、群生した株。オベサは単頭で育つ株が多いが、実生によりまれに群生株になる株や子吹きする株が存在する。

Euphorbia obesa ssp.
obesa crested

オベサ綴化

春秋型
最低温度3℃
★★★★☆
園芸品種

オベサのモンストローサ。突然変異で成長点が連なった株を綴化という。個体によって綴化面の幅に広い、狭いがあり、形も面がうねるものなど、個性豊か。写真は石と一緒にハビタットスタイル(96ページ参照)で植え込んだもの。

*Euphorbia obesa
ssp. symmetrica*

シンメトリカ

春秋型
最低温度3℃
★★★☆☆
南アフリカ（東ケープ州）

オベサと比べると、稜があまり立たず扁平で、肌色が薄い。日本では昔から、1か所から出る花柄が1つならオベサ、複数ならシンメトリカとされてきた。幼い個体の区別は難しい。原生地ではコロニーは別。雌雄異株。

*Euphorbia obesa ssp.
symmetrica f.prolifera*

子吹きシンメトリカ

春秋型
最低温度5℃
★★★★☆
園芸品種

変異で、稜の部分から多数の「花仔（蕾の代わりに出る子株）」がつく。子株が密になると病気になりやすいので、高温多湿に注意。子株は外してさし木できるが、直径2cmくらいが発根しやすい。大きいと発根に時間がかかりやすい。

Euphorbia meloformis

メロフォルミス、
貴青玉（きせいぎょく）

春秋型	
最低温度3℃	
★★☆☆☆	
南アフリカ（東ケープ州）	

原生地は高地で、茶色い石灰岩の間や草丈の低い草が生えた場所に自生。ほぼ単頭で高さ10～15cm。花柄が伸びて花をつけ、花柄が硬化するが、バリダのようには残らない。雌雄異株。

*Euphorbia meloformis
hyb. variegated*

メロフォルミス
・ハイブリッド錦

春秋型	
最低温度5℃	
★★★☆☆	
園芸品種	

球形だが、稜が高く盛り上がり、とげがつく。斑入りでゼブラ模様が鮮やか。下部から子株が吹きやすい。容易にさし木が行え、さし木後も斑の柄は安定している。

Euphorbia valida

バリダ

春秋型
最低温度3℃
★★★☆☆
南アフリカ（東ケープ州）

海岸平野や高地の平坦な地域に自生。古い花柄が継続して残る。特に花柄が太くて長く、選抜を重ねた良形のものが人気。稜は8つで、肌には縞模様がある。若い株は丸みを帯び、徐々に円筒形になり、高さ10～20cmほどになる。雌雄異株。

Euphorbia pulvinata

プルビナータ、笹蟹丸
（ささがにまる）

春秋型
最低温度5℃
★☆☆☆☆
南アフリカ（東ケープ州）

単頭だとかわいい姿だが、直径4～5cm、高さ15～30cmほどの株が群生し、直径約1.5mの要塞を形づくる。原生地は岩だらけの場所で日光がよく当たる。株は地面から露出している。雌雄異株。

Euphorbia 'Makoukirin' variegated

魔紅キリン錦
（まこう）

春秋型
最低温度5℃
★★★★☆
園芸品種

アグレガタ（和名・紅キリン）とオベサの交配種の斑入り種。生育すると直径4～5cmの円柱形になり、稜に多数の子株ができる。生育は遅く、徒長しやすい。肌は弱く、茶色のしみができやすく、気難しい。

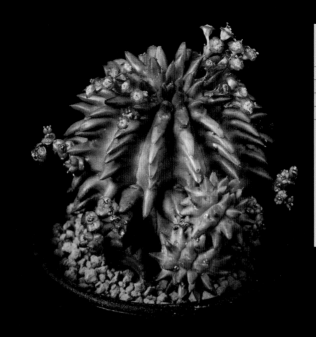

スザンナエ、瑠璃晃

春秋型
最低温度3℃
★☆☆☆☆
南アフリカ（西ケープ州）

「ドラゴンボール」とも呼ばれる。半球形〜短い円筒形で、下部からよく分枝し、地表一面に広がる。稜が柔刺状の突起に覆われる。原生地では岩の間や砂利の中、灌木の下、ときに石英の間に自生。雌雄異株。

オベサブロー

春秋型
最低温度3℃
★★☆☆☆
園芸品種

オベサとスザンナエの交配種。ユニークな姿が人気。直径1〜3cmの丸い子株がポコポコとたくさんついてかわいらしい。丸い子株は簡単にさし木ができる。さし木は3月中旬ごろがベスト。

Euphorbia gymnocalycioides

春秋型
ギムノカリキオイデス 最低温度5℃
（つぎ木苗） ★★★★☆
エチオピア南西部

標高約1350mの石炭質のアカシア灌木林に自生。種小名は「ギムノカリキウム（南米種のサボテン）に似た」の意。10cm強の円筒形で、深緑色の突起にクリーム色の斑点が入る。近年は実生株もある。

Euphorbia turbiniformis

夏型
ツルビニフォルミス 最低温度7℃
（つぎ木苗） ★★★★★
ソマリア北部

海岸の町エイル近郊に自生する珍品。この地域は気温が高く、雨が極端に少ない。5〜6cmの小型種で表皮につやがあり、丸く削られたような模様が特徴。栽培は難しく、つぎ木株での管理が多い。

Euphorbia mitriformis

ミトリフォルミス

春秋型
最低温度5℃
★★★★☆
ソマリア北部

5稜の低い柱状の幹から子株が密に群生する。標高1200〜1600mの石灰岩地や崖に自生。生育期には赤みを帯びた新しいとげが出て、のちに硬化してグレーがかる。生育は非常に遅い。

セプルタ

春秋型

最低温度5℃

★★★★☆

ソマリア

球形タイプで群生する希少種。標高1600～2000mの高原の丘陵や小さな岩棚に自生。1つの球は直径1.5～2cmだが、少しずつ子吹きして群生し、直径30cm程度までになる。生育は非常に遅い。

Euphorbia phillipsiae

フィリプシアエ

春秋型

最低温度5℃

★★★★☆

ソマリア

1903年に登録。その後、ゴリサナ(*golisana*)の種小名で報告されたものはシノニム(異名)。日本ではどちらの名前も使われている。標高1000～1500mの灌木が生えた岩場に自生。新しいとげは赤みを帯びる。

Euphorbia phillipsioides

フィリプシオイデス

春秋型

最低温度5℃

★★★★☆

ソマリア北西部

種小名は「フィリプシアエに似た」の意で、同じくソマリア原産。両者の違いはとげの色。フィリプシアエは赤みを帯びているが、フィリプシオイデスは白色。花の形状も違う。

柱形タイプ

円柱状の太い幹が伸び上がり、さながら柱サボテンのよう。枝分かれしやすい種類も多く、年月を重ねるほど、存在感たっぷりのユニークな株姿に。とげのつき方、葉の伸び方などにも注目。

Euphorbia stellispina

ステリスピナ、群星冠
（ぐんせいかん）

春秋型
最低温度3℃
★★★★☆
南アフリカ（西ケープ州、東ケープ州）

カルー高原の低木林に自生。花後に花柄が星形のとげとして残る。新しいとげは赤色で、徐々に灰褐色になる。幼株は球形だが、成長すると柱状に伸び、高さ60〜70cmに。基部から子株を吹いて群生。雌雄異株。

Euphorbia stellispina variegated	

群星冠錦 ぐんせいかんにしき	春秋型
	最低温度5℃
	★★★★☆
	園芸品種

突然変異で出た個体。白っぽいクリーム斑がきれいに入る。基本種より成長が遅く、性質も弱いので根張りが重要。ほとんどがかき子で繁殖されている。下部から「さび」が上がりやすい。

OANA

Euphorbia ferox	

フェロックス、 **勇猛閣** ゆうもうかく	春秋型／最低温度3℃
	★★☆☆☆
	南アフリカ（西ケープ州、東ケープ州）

カルー高原の石の多い斜面に自生。高さ15cm程度。枝は丸みを帯び、濃緑色で肌にはつやがある。とげは鉛筆の芯のようで、伸び始めは太くて真っ赤。基部から子株を出し、群生。雌雄異株。

Euphorbia heptagona (syn. *E. enopla*)	

エノプラ、紅彩閣 こうさいかく	春秋型／最低温度3℃
	★☆☆☆☆
	南アフリカ（西ケープ州、東ケープ州）

古くから日本で栽培されてきたタイプ（写真）を特に紅彩閣と呼ぶ。とげは鮮やかな赤色。直径2mmほどの6〜7稜の枝を伸ばす。原生地では石の多い北向きの斜面に自生。高さ1mに達する。雌雄異株。

Euphorbia heptagona (syn. *E. enopla*) monstrose	

黄刺エノプラ **モンストローサ** きとげ	春秋型
	最低温度3℃
	★★☆☆☆
	園芸品種

黄刺タイプのエノプラのモンストローサ。枝が細かく分岐し、それぞれの形は不規則でユニーク。フォルムも魅力的。花柄は少ない。赤刺タイプのモンストローサは88ページ参照。

Euphorbia mammillaris (syn. E. fimbriata)

マミラリス、鱗宝
りんぼう

春秋型／最低温度2℃

★★☆☆☆

南アフリカ（西ケープ州、東ケープ州）

平坦な場所から石の多い斜面に自生。幹の側面には突起があり、ヤングコーンのような肌になる。高さ20cm以上。成長が早く、柱状の枝が伸び、群生。冬の終わりに枝の頂部から稜に開花。雌雄異株。

Euphorbia mammillaris variegated

白樺キリン
しらかば

春秋型

最低温度2℃

★★☆☆☆

園芸種

マミラリスの白斑入り種で、「ミルクトロン」とも呼ばれる。成長すると伸び出す細かな葉も白くて美しい。寒さに強く、冬には枝先がきれいなピンク色に染まる。かき子で繁殖されている。写真は雌木。

Euphorbia fruticosa

フルティコーサ

春秋型

最低温度5℃

★★★☆☆

サウジアラビアから北イエメン

石が多くて水はけのよい場所や丘陵の斜面の岩のすき間などに自生。直径5cmほどの柱状の幹を伸ばして群生し、低木状になる。雌雄同株で雌花が先に咲き、雄花があとから出て咲く。写真は直径30cmを超え、日本では大きな株。

Euphorbia polygona
var. *horrida*

ホリダ

春秋型
最低温度3℃
★★★☆☆
南アフリカ(東ケープ州、西ケープ州)

人気種。主に珪岩の岩礫地に自生。種小名はとげだらけの意で、花後に残る花柄がとげに見えることから。表皮は白いトリコーム(毛状突起)で覆われ、成長すると稜がうねる。高さ約1m。不規則に基部から分岐して群生株になる。雌雄異株。

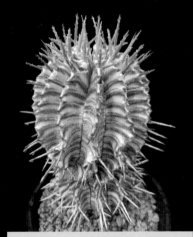

Euphorbia polygona var. *horrida* variegated

Euphorbia polygona var. *major*

ホリダ錦

春秋型
最低温度5℃
★★★★☆
園芸品種

ホリダの斑入り。株全体にゼブラ模様の縞状の鮮明な斑が入る見事なタイプ。クリーム色の斑がたっぷりと均等に入り、大きく成長しても株がいびつにならない逸品。

マジョール

春秋型／最低温度3℃
★★★☆☆
南アフリカ(東ケープ州、西ケープ州)

日本で栽培されているホリダの仲間には多彩な種類があり、優良品種は栄養繁殖されている。このマジョールはホリダの仲間のなかでも大きく、強く太いとげがつくタイプ。雌雄異株。

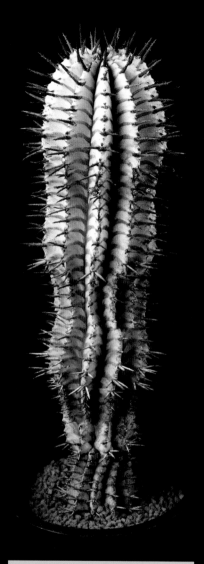

Euphorbia polygona var. noorsveldensis

春秋型
最低温度3℃
ノースベルデンシス ★★☆☆☆
南アフリカ（西ケープ州、東ケープ州）

主に珪岩の岩礫地に自生。ホリダの仲間で、とげが長く、稜の数が少ない。直径も細く、柱状になり、成長しても稜がうねらないことが多い。雌雄異株。

Euphorbia polygona var.striata

春秋型
最低温度3℃
ストリアータ ★★★☆☆
南アフリカ（西ケープ州、東ケープ州）

主に珪岩の岩礫地に自生。稜はうねりが少なく、直径も細くて、円柱状に育つ。花は黒紫色。肌にはゼブラ模様が強く出ている。雌雄異株。

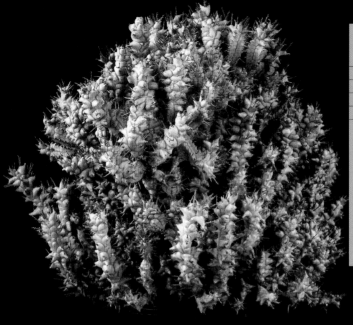

ホリダ
モンストローサ

春秋型
最低温度3℃
★★☆☆☆
園芸品種

現在、日本ではホリダのモンストローサには2つのタイプがある。この種類は、基本種は縦に稜が入るが、突然変異により小型になり、稜がいぼ状に突起。子株が吹きやすく、群生株になる。奇妙な風貌が人気。丈夫で育てやすく、かき子で繁殖が容易。

E. heptagona (syn. *E. enopla*) × *E. polygona* var. *horrida*

E. obesa ssp. *symmetrica* × *E. polygona* var. *horrida*

	春秋型
紅彩閣×ホリダ	最低温度3℃
	★★★☆☆
	園芸品種

エノプラとホリダの交配種。見事に融合してよいとこどりの株。肌感はホリダ、とげは中間的になり、エノプラのように子吹きがよく、きれいな群生株になる。ユーフォルビアの交配種はユニークな姿が魅力。

	春秋型
シンメトリカ×	最低温度3℃
ホリダ	★★★☆☆
	園芸品種

シンメトリカとホリダの交配種。交配種の実生苗は株によりさまざまな顔がある。このようなユニークな丸みのあるホリダにもなる。長野の栽培家・堀川翔大氏による実生苗。生育は非常に遅い。

キリン角錦綴化

春秋型

最低温度5℃

★★☆☆☆

園芸品種

キリン角錦（80ページ参照）が綴化。幹や葉に黄色斑が入り、扇形に広がる。生育期に綴化面にやや多肉質の葉を出す。成長は比較的早く、高さ数mになる。基本種の柱状に戻りやすい。写真は枝をさし木し、ふやしたもの。

Euphorbia tubiglans

ツビグランス	春秋型
	最低温度3℃
	★★★☆☆
	南アフリカ（東ケープ州）

岩の斜面に自生。地下部は根がふくらみ、カブに似た形。枝はとげのない4〜6稜で、4〜8cmの長さに伸びる。子吹きして、かわいい群生株になる。雌雄異株。

Euphorbia echinus

エキヌス、大正キリン	春秋型
	最低温度5℃
	★★☆☆☆
	モロッコからモーリタニア

低木林や乾いた砂礫地に自生。幹の途中から枝分かれし、太さ4〜5cm、5〜8稜の枝が車状に伸びて、高さ1mほどに。下から木質化の進みが速い。日本には大正時代に導入。サボテン形の株姿が人気。

Euphorbia abyssinica

アビシニカ、巒岳（らんがく）

春秋型
最低温度5℃
★★★☆☆
エチオピア、ソマリア、
スーダン、エリトリア

標高800〜1500mに
分布。乾燥した丘陵地
の中腹、山地の森林地
帯、サバナの低木林など
に自生。大型種で原生
地では柱形の枝を多く
出し、高さ10mにもな
る。春先に開花。生育期
には葉を出すので、管理
の目安になる。

Euphorbia lactea
variegated crested

ラクテア錦綴化

夏型
最低温度5℃
★★★☆☆
園芸品種

ラクテアの綴化種で、写
真は白い斑が入る「ホ
ワイトゴースト」といわ
れる種類。成長点が帯
状に変化し、波状の扇
形の枝が密集。つぎ木
で出回る株は「マハラジ
ャ」とも呼ばれる。黄色
い縞の斑が入るカラフ
ルなタイプもある。

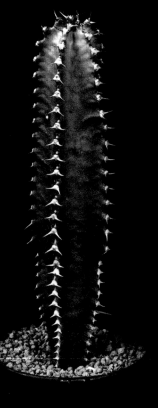

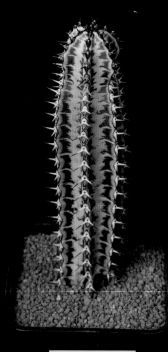

Euphorbia viguieri

ビグエリー、噴火竜

夏型
最低温度5℃
★★☆☆☆
マダガスカル中部から北部

原生地は石灰岩の開けた海岸林。高さ1mほど。こん棒のような幹に魚のひれに似たとげがつく。成長点から大きめの緑色の美しい葉が出て、冬に落葉。花はオレンジ色。日光不足で葉が薄くなる。

Euphorbia canariensis

カナリエンシス、墨キリン

春秋型
最低温度5℃
★★★☆☆
カナリア諸島

種小名は地名から。和名は幼体の肌が茶色いところからか。低地から1000mの丘陵地まで群生。高さ3〜4mになる大型種（94ページ参照）。強健とされるが日本では5℃以上で育てるときれいな株姿を保てる。

Euphorbia confinalis ssp. rhodesiaca

ローデシア、白雲巒岳

夏型
最低温度5℃
★★★☆☆
ジンバブエ

アフリカ南東部に分布する高さ10mを超す大型種のコンフィナリスの亜種。鋭いとげをもち、肌に美しい模様が入る。日本では胴切りをしたあと、さし木でふやした株が多く流通する。

Euphorbia abdelkuri	*Euphorbia prona*	*Euphorbia schubei* 'Tanzania Red'
アブデルクリ	**プロナ**	**シューベイ 'タンザニア・レッド'**
夏型	春秋型	夏型
最低温度7℃	最低温度5℃	最低温度5℃
★★★☆☆	★★★☆☆	★★★☆☆
イエメン （アブドゥルクーリー島）	ソマリア	園芸品種
葉もとげもなく、トカゲのような奇妙な肌をもつ棒状の珍種。アラビア海に浮かぶ島の固有種で、海岸に面した丘の斜面に自生。高さ1mほどになる。樹液は黄色を帯び、毒性が強いとされる。	ほとんど枝分かれしない円い棒状の幹が特徴。らせん状に1対の鋭いとげを出し、最大で高さ70cmほどになる。岩山の斜面でコミフォラ（カンラン科の低木）の茂みの間などに自生。生育は遅い。	ゴツゴツとした突起と赤紫色の肌の品種。生育期は突起から緑色の葉を出す。赤みは秋に濃くなる。標準種は幹も葉も緑色で、タンザニアの標高800〜1500mの岩礫地に生えた落葉樹の株元などに自生。

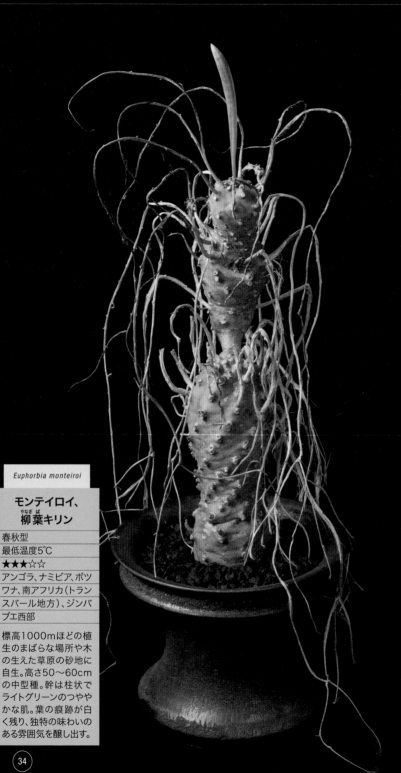

Euphorbia monteiroi

モンテイロイ、柳葉キリン

春秋型
最低温度5℃
★★★☆☆
アンゴラ、ナミビア、ボツ
ワナ、南アフリカ（トラン
スパール地方）、ジンバ
ブエ西部

標高1000mほどの植
生のまばらな場所や木
の生えた草原の砂地に
自生。高さ50〜60cm
の中型種。幹は柱状で
ライトグリーンのつやや
かな肌。葉の痕跡が白
く残り、独特の味わいの
ある雰囲気を醸し出す。

ブプレウリフォリア、鉄甲丸

春秋型
最低温度5℃
★★★☆☆
南アフリカ（東ケープ州）

草原、サバナなどの開けた場所に自生。幹は直径4〜8cmの円形から円筒形で黒褐色。頂部から葉が出て、落葉後に凸凹が残り、パイナップルのような姿になる。風通しをよくし、蒸らさない。オンシツコナジラミに注意。雌雄異株。

Euphorbia 'Azumino Tekko Maru'

'安曇野鉄甲丸'

春秋型
最低温度3℃
★★★☆☆
園芸品種

長野在住の栽培家・浅川保門氏による作出。鉄甲丸の実生から3株が出現。交雑によるものかは不明。幹は緑色でつやのある突起が下を向き、太めでかわいい。葉は緑色で小さい。群生株になりやすい。

Euphorbia 'Sotetsukirin'

'蘇鉄キリン'

春秋型
最低温度3℃
★★☆☆☆
園芸品種

'怪魔玉（鉄甲丸×マミラリス）'と鉄甲丸の交配種。幹が柱状に伸び上がり、パイナップルにも似たユニークな姿になる。子株をよく吹き、さし木でふやせる。丈夫でメジャーな品種。

タコものタイプ

細くて長い枝を何本も伸ばし、あたかも
タコの足のよう。原生地では地面に埋
もれて育ち、枝を地表にのぞかせるが、
株元は肥大して塊茎になる種類が多
く、観賞上の見どころの一つ。

Euphorbia gorgonis

ゴルゴニス、	春秋型
	最低温度2℃
金輪際 （こんりんざい）	★★★☆☆
	南アフリカ（東ケープ州）

株の直径は20cm程度で、小型のタコものの代名詞
的存在。種小名はギリシャ神話に登場するヘビの怪
物ゴルゴンから。地中にほとんど埋もれた状態で、平
坦地から丘陵地の小石混じりの場所に自生（94ペー
ジ参照）。花が咲くと強いにおいを発する。

ガムケンシス

春秋型
最低温度2℃
★★★★☆
南アフリカ（西ケープ州）

小型種のタコもの。原生地では平坦で石の多い場所に自生。幹は丸く亀甲模様が入り、枝は丸みを帯び、上方向に伸びて長さ2〜5cmになる。ほかのタコものと同じく、冬は昼と夜の温度差が重要（108ページ参照）。

イネルミス、九頭竜^{くずりゅう}

春秋型
最低温度2℃
★★★☆☆
南アフリカ（東ケープ州）

大きく育つと枝の長さが50〜70cmになる大型種のタコもの。枝は竜を思わせるようなうろこ状の肌をもつ。花は枝の先に咲き、白色で可憐。芳香がある。タコもののなかでは丈夫で育てやすい。

Euphorbia brevirama

ブレビラマ

春秋型
最低温度2℃
★★★☆☆
南アフリカ(東ケープ州)

標高500mほどの乾燥した草原に自生。タコもののなかでも枝が非常に短く、カッコいい。扁平な幹から枝が伸びて、ヘビが地面を這うような姿になる。花柄は花後にあまり残らない。枝の先にムカゴ（球状の芽）が出やすく、取ってふやせる。

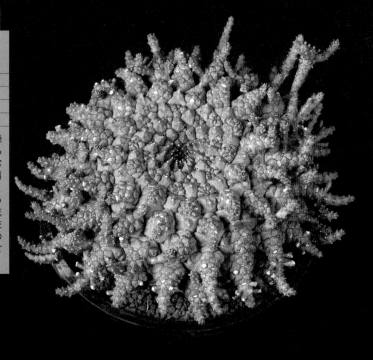

Euphorbia atroviridis

アトロビリディス

春秋型
最低温度2℃
★★★☆☆
南アフリカ、ナミビア国境付近のナマクアランド

原生地は秋から春の限られた時期にのみ雨が降る、半砂漠地域。円形の塊茎から太く短い枝が伸びる。直根なので、懸崖鉢などの深鉢に水はけのよい培養土で植えるとよい。写真の中心部はハダニの食害の痕。タコものは乾燥期に注意が必要。

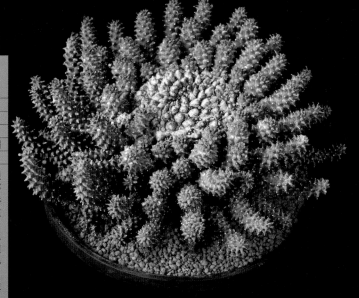

*Euphorbia
caput-medusae*

カプトメデューサ、天荒竜

春秋型
最低温度2℃
★★★☆☆
南アフリカ(西ケープ州、北ケープ州、ケープバレン島)

原生地は砂丘と石の斜面。地面に半ば埋まった状態のほか、石の壁面に枝垂れるように生えた株もある。直径70cmにもなる大型種。中央の枝は直立し、古い枝は伸びて暴れる。種小名はギリシャ神話の怪物メデューサから。

Euphorbia groenewaldii

グロエネワルディー

春秋型
最低温度2℃
★★★☆☆
南アフリカ(リンポポ州)

標高1100〜1500mの砂岩と珪岩の多い丘陵地に自生。根は直根性で長い。枝は黄緑色で角のように分岐し、らせん状に回転。とげは3本に分かれて太く、いかつくて魅力的。丈夫だが、光と風通しが不足すると枝が細くだらしなくなる。

Euphorbia multiceps

ムルチセプス、多頭キリン

春秋型
最低温度3℃
★★★★☆
南アフリカ（西ケープ州、北ケープ州）

大西洋沿岸の半砂漠地帯に自生。幹のまわりに凹凸のある枝がらせん状にぎっしりついて、ピラミッド状になる。生育期は頂部から葉が伸びる。完璧な自然の造形美。大きくなると高さ50cm以上に。枝が密集しているので、風通しが重要。

Euphorbia patula ssp. *wilmaniae* (syn. *E. planiceps*)

プラニセプス

春秋型
最低温度3℃
★★★☆☆
南アフリカ（北ケープ州）

石灰岩などが混じる砂利だらけの場所に自生。枝は短くて、突起があり、細かい。成長するにつれて、枝が無数にふえ、タコものらしくない姿になる。根は長くて太いニンジン形で、分岐する。花の苞葉にも3つに分かれる突起があり、おもしろい。

デセプタ

春秋型
最低温度2℃
★★★★☆
南アフリカ(西ケープ州、東ケープ州)

人気種。原生地では盆地から平地の岩やブッシュに紛れて自生。幹は丸みがあり、亀甲模様が入る。枝は短くてまとまり、枝数も少なく、スタイリッシュ。直径は5〜10cm程度で円柱状に伸びる。大株になると枝にむかごがつく。

クラッシペス、
倶梨伽羅玉
(くりからだま)

春秋型
最低温度3℃
★★★★☆
南アフリカ(西ケープ州)

石や砂利の平坦な場所に、株の半分ぐらいまで土に埋まった状態で自生。種小名は太い足という意味。幹から太い枝が密に出る。花柄は細かく、とげのように密に残る。直径15cmほどまで成長。幹は木質化しやすく味がある。

Euphorbia

低木、コーデックス
タイプ

低木タイプは、枝分かれした細い枝が立ち上がり、低木状になる種類。コーデックスタイプは茎や根が水分をため込んで肥大化し、塊状になった種類。両者の特徴を兼ね備えた低木状のコーデックスタイプも多く見られます。

Euphorbia hedyotoides

ヘディオトイデス	夏型
	最低温度5℃
	★★★☆☆
	マダガスカル南西部

原生地では多肉植物のディディエレアの茂みに自生。塊茎は地中に埋まっている。白くて丸みを帯びた塊茎から細長い枝が伸びて枝分かれしていく姿は芸術的。葉は細く、パラソルの骨のように展開して美しい。

Euphorbia tirucalli
'Sticks on Fire'

ティルカリ
'スティック・オン・
ファイヤー'

夏型

最低温度5℃

★☆☆☆☆

園芸品種

細長い枝がサンゴのように広がり、秋には枝先がコーラルオレンジ色に色づく美しい品種。原種はアフリカ東部の乾燥地帯に自生。和名はミドリサンゴで、アオサンゴ、ミルクブッシュなどとも呼ばれる。

Euphorbia geroldii

ゲロルディー、
トゲナシハナキリン

夏型

最低温度5℃

★★☆☆☆

マダガスカル北東部

マダガスカルの固有種で、原生地は亜熱帯から熱帯地域の乾燥した森林。和名のとおり、枝にはとげがなく、ハナキリン（*E. milii*）に似た真っ赤な花を咲かせるが、種は異なる。葉は表面に光沢がある。さし木でふやせる。

キリンドリフォリア

夏型
最低温度5℃
★★★☆☆
マダガスカル（トゥリア
ラ州南部）

乾燥した林床に自生。
丸みのある塊茎から多
肉質の枝を出し、高さ
25cmほどのこんもり
とした株姿になる。葉
も多肉質の筒状で長さ
2.5cmほど。花は小さ
なブラウンピンクの苞
葉をもつ。さし木でふや
すと塊茎はできにくい。
生育は遅い。

ワリンギアエ

夏型
最低温度5℃
★★★★☆
マダガスカル（トゥリアラ州）

原生地はエソモニ近郊の山岳地帯。石だらけの赤
色土の灌木の下に自生。塊茎は丸くて赤みを帯び、
ひび割れを起こして模様が入り、風格を増す。枝は
太さ5mmほどで細い多肉質の葉を出す。

トゥレアレンシス

夏型
最低温度5℃
★★★★☆
マダガスカル（トゥリアラ州）

雌雄同株でまれに自家受粉する。フィフェレネンシス
（*E. fiherenensis*）などの下に生える。原生地の雨
季は気温も高め。日本では夏は多めの7～10日に1
回の水やり。20～30%遮光で風通しよく。

Euphorbia guillauminiana

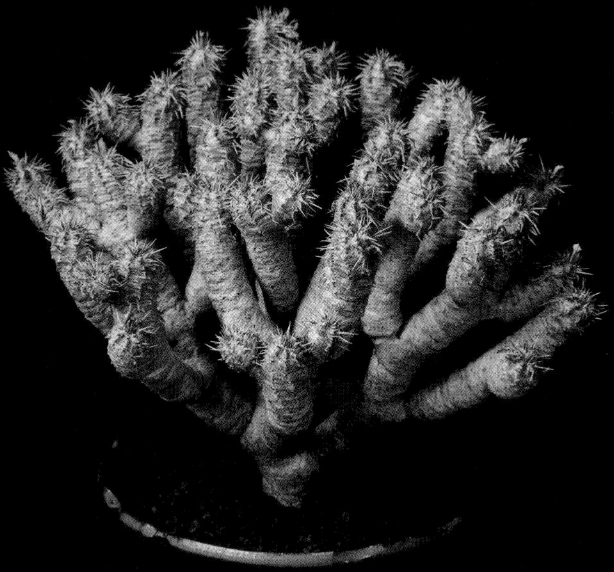

ギラウミニアーナ

夏型
最低温度7℃
★★★★☆
マダガスカル北西部

玄武岩の上に自生。幹は枝分かれして、低く横に広がり、低木状の整ったカッコよいフォルムになる。高さは1m程度まで。生育期には葉が伸び出るが、冬期には落葉。冬は断水。高温多湿を嫌うため、夏は風通しが重要。

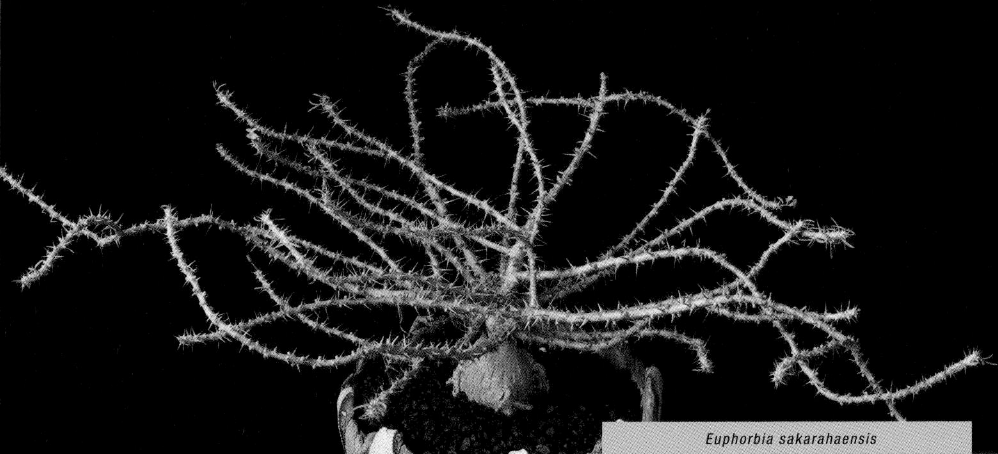

Euphorbia sakarahaensis

サカラヘンシス

夏型
最低温度5℃
★★☆☆☆
マダガスカル南西部

種小名は原生地のサカラハから。幹の下部が丸くなるコーデックスタイプの低木。枝は無数のとげがあるハナキリンタイプで、横に垂れ下がるように広がる。気温が15℃以上で安定すれば、雨ざらし栽培も可。

Euphorbia pachypodioides

パキポディオイデス

夏型
最低温度5℃
★★★☆☆
マダガスカル西部

ツィンギー地方の石灰岩の険しい岩壁に自生。ぽってりとした幹はパキポディウムとそっくり。生育時の肌は緑色だが、木質化が進むと茶色のワイルドな姿に変化。高さは40cmまで。花は赤紫色で房咲き。葉は大きめで葉裏が赤みを帯びる。

Euphorbia itremensis

イトレメンシス	春秋型に近い夏型
	最低温度7℃
	★★★★☆
	マダガスカル中央部

地中に塊茎を形成するコーデックスタイプ。茶色の幹と奇妙な枝ぶりの個性を楽しみたい。原生地は標高1500mの細かい石英でできた赤い土壌。日本での栽培では、夏の高温多湿時の水のやりすぎに注意。

Euphorbia antso

アントソ	夏型
	最低温度5℃
	★★★☆☆
	マダガスカル南西部

柔らかい幹が棒状にふくらむコーデックスタイプ。標高500mまでの亜熱帯や熱帯地域の乾燥した落葉樹林や灌木林に自生。高さ15mにもなる。休眠期は落葉。株先に開花し、奇妙なボール形のタネができる。

Euphorbia subapoda

スバポダ

春秋型に近い夏型
最低温度7℃
★★★★☆
マダガスカル中央部

標高1000〜1500mの乾燥した丘陵地に自生。塊茎は地中に埋まった状態で、地表に短い枝を伸ばして葉を出す。プリムリフォリアのシノニム（同種異名）とされるが、葉の先端は丸みを帯び、緑色が濃い。

Euphorbia ramena

ラメナ

春秋型に近い夏型
最低温度7℃
★★★★☆
マダガスカル（レッドツィンギー付近）

俗に「芋ハナキリン」系と呼ばれる種類。生育期に新葉が出る際に、枝先に赤い毛が生えて、美しい。鉄分で赤い岩の急斜面に塊茎が張りつくように自生。枝はうねるように伸びる。

Euphorbia primulifolia

プリムリフォリア、地むぐり花キリン

春秋型に近い夏型
最低温度7℃
★★★★☆
マダガスカル（南部から西部のイザロ地方）

原生地は高原地帯で、塊茎が地中に完全に埋まった状態で自生。花弁は緑色で、苞葉は白色から薄いピンク色。日本では突然、枯死することも多い。栽培時も塊茎は埋めたほうがよいかもしれない。

Euphorbia spannringii

スパンリンギー

春秋型に近い夏型
最低温度7℃
★★★★☆
マダガスカル中央部

葉の葉脈が白く浮き上がり、魚の骨のような模様をもつことから、フィッシュボーンのニックネームがある。学術上の記載は2021年。葉が充実してくるとハダニがつきやすいので注意。

ハマタ

春秋型に近い夏型
最低温度5℃
★★★★☆
南アフリカ(西ケープ州、
北ケープ州)、ナミビア
南部

西向きの斜面の珪岩や
頁岩の礫地で、灌木や
メセン類が育つ場所に
自生。枝は多肉質で3
稜。フックのような突起
がある。地面すれすれに
枝を伸ばし、高さは1m
程度になる。雌雄異株。
輸入株の活着率は非常
に悪い。

春秋型に近い夏型
最低温度5℃
ガリエピナ、鬼ヶ島 ★★★★☆
アンゴラ、ナミビア、南アフリ
カ(北ケープ州)

原生地は砂や小石からなる土壌。枝は棒状でマット
な明るいグリーン。枝分かれして展開し、高さ70cm
程度の平らなブッシュ状になる。雌雄異株。

夏型
最低温度5℃
アエルギノーサ ★☆☆☆☆
南アフリカ(リンポポ州)

砂地で岩の亀裂などに自生。直径1cm弱の柱状の
枝が分岐。肌は青灰色で茶色のマークが点在してと
げに覆われ、非常に美しい。高さ15〜30cm。日本
ではさし木株が多く、2〜3系統が見られる。

ステラータ、飛竜 (ひりゅう)

春秋型
最低温度5℃
★★☆☆☆
南アフリカ(東ケープ州)

原生地は海岸平野や「アルバニー・シケット」と呼ばれる灌木林。塊茎はダイコン状(白い逆円錐形)で長さ7～10cm、直径6～7cm。塊茎の頂部から厚さ1cmほどの平たい枝が放射状に展開。縁にはとげが並ぶ。日光不足で枝が徒長しやすい。

Euphorbia squarrosa

スクアロッサ、奇怪ヶ島 (きかいがしま)

春秋型
最低温度5℃
★★☆☆☆
南アフリカ(東ケープ州)

原生地はステラータと同じで株姿も似るが、枝は3稜でねじれて展開する。色は濃緑色。塊茎は直径10cmまで。丈夫な種類だが、真夏の水やりは控えめに。

Euphorbia decidua

デシドゥア、蓬莱島 (ほうらいじま)

夏型
最低温度7℃
★★★★☆
ジンバブエ

原生地は標高1000mの石や岩が混じった乾燥地。塊根は聖護院ダイコン似で最大15cmほど。多頭になることも。枝を放射状に伸ばすが、毎年、枯れて落ちる。春の生育は遅く、5月ごろから。

Euphorbia crispa

クリスパ、波涛キリン
<small>は とう</small>

冬型
最低温度3℃
★★★★☆
南アフリカ（西ケープ州）

原生地は砂利や石の多い平地や斜面。多年草で茎はほとんどなく、地表すれすれから葉が展開。葉は縁が縮れ、マットなグリーンが特徴。日本では秋には葉が展開し、生育を始める。雌雄異株。

Euphorbia clavigera

	夏型に近い春秋型
クラビゲラ	最低温度7℃
	★★★☆☆
	南アフリカ（リンポポ州、ムプマランガ州）、モザンビークなど

山の尾根の砂地に自生。幹と根は大きな逆円錐形。枝にはとげがあり、黄緑色で薄い模様が入り、縁に小さな花が咲く。4月下旬から枝が動き始める。

Euphorbia mlanjeana

	夏型に近い春秋型
ムランジーナ	最低温度7℃
	★★★★☆
	マラウイ、モザンビーク

原生地は標高1000～1800mの高地。茶色のゴツゴツとしたクレーター状の肌の太い幹から、緑色の柱状の枝を伸ばす。蒸れに弱いので夏は風通しをよくし、冬は断水気味に管理。

バルサミフェラ

冬型
最低温度3℃
★★★★☆
カナリア諸島、モロッコ
からナイジェリア北部ま
での西アフリカ

カナリア諸島では標高
800mまでの岩場や砂
地でコロニーを形成。
幹から細くてなめらか
な肌の枝を伸ばし、先
端にはパラソルのよう
な葉が広がる。ユニーク
な枝ぶりと芸術的な風
貌が魅力。日光と風の
不足で枝が間のびしや
すいので注意。

Euphorbia etuberculosa

エツベルクローサ

夏型に近い春秋型
最低温度7℃
★★★☆☆
ソマリア北部

枝はライムグリーン。表皮は厚くワックスで覆われ、
つるっとした独特の肌をもつ。花は雌花が下側に垂
れ下がる。晩春早秋型で4月終わりにようやく動き
始める。真夏は30%遮光で。

Euphorbia longituberculosa

**ロンギ
ツベルクローサ**

夏型に近い春秋型
最低温度7℃
★★★★☆
アラビア半島

エツベルクローサと似て主幹が丸くなるが、幹はゴ
ツゴツとし、紫色の模様も入る。枝も荒々しく暴れ
る。冬は落葉して生育休止。冬と真夏以外の時期
に、生育の様子をよく見極めて、水やりを行う。

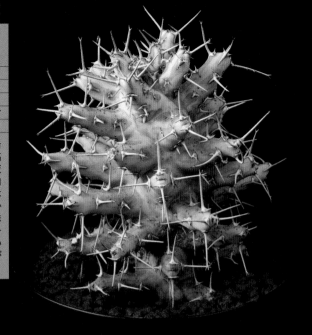

Euphorbia schizacantha

シザカンサ

夏型に近い春秋型
最低温度8℃
★★★★★
ソマリア、エチオピア、ケニア

怪しげな姿をもった希少種。原生地は標高200〜600mの石灰岩帯で灌木の下に自生するとされる。つぎ木苗が出回ることが多かったが、近年、実生株も見かける。高さ50〜70cmになる。夏の強い日光、多湿には注意が必要。

Euphorbia caducifolia

カドゥシフォリア

夏型
最低温度5℃
★★★☆☆
インド北西部、パキスタン

原生地は海岸平野から砂漠地帯にかけて。こん棒状の枝が密集して高さ2mほどになる。成熟すると紫色の苞葉をもった花を枝先につける。比較的丈夫で、胴切りでさし木も容易。

Euphorbia actinoclada

アクチノクラダ

夏型に近い春秋型
最低温度8℃
★★★★☆
エチオピア、ケニア、ソマリア

灌木の生える礫地の斜面に自生。コロニーで色や顔つきが違う種。写真はケニア産で枝色が濃く、とげも太い。丸い幹から怪しい枝が生えて不気味。群生するため、株分けでふやせる。

Chapter 3

１２か月栽培ナビ

毎月の手入れと
管理方法を紹介します。
生育タイプ別のポイントを押さえ、
美しい姿を保ちながら
育てましょう。

手前は紅彩閣、奥はホ
リダ、中央はその2つを
かけ合わせた紅彩閣×
ホリダ。

ユーフォルビアの年間の作業・管理暦

ユーフォルビア		1月	2月	3月	4月	5月

生育状態

春秋型・冬型　生育緩慢 → 動き始める → 生育（冬型は6月下旬から7月下旬まで緩慢）

夏型　生育停止 → 動き始める　生育

主な作業

植え替え、鉢増し（夏型は4月から）

さし木（夏型は4月から）

タネまき（夏型は4月から9月上旬まで）

つぎ木

管理

置き場
室内のよく日光が当たる場所（5℃〈夏型は10℃〉以下にしない） → 戸外のよく日光が当たり、雨の当たらない場所（夏型は4月下旬から10月上旬まで）

遮光
遮光なし → 20%遮光

水やり
★の期間は株の上から、それ以外は株元に

春秋型　行わない → 少量（鉢土の半分が湿る程度）を1回　乾いたらたっぷりと　★乾いたらたっぷりと

冬型　行わない → 少量（鉢土の半分が湿る程度）を1回　乾いたらたっぷりと　★乾いたらたっぷりと

夏型　行わない → 少量（鉢土の半分が湿る程度）を1回　★乾いたらたっぷりと

肥料
追肥（元肥を施したら不要。1年以上植え替え、鉢増ししていない場合、緩効性化成肥料または規定倍率の液体肥料を月1回水やり代わりに）

病害虫の防除
カイガラムシ、ネジラミ

アブラムシ、ハダニ、黒星病

うどんこ病

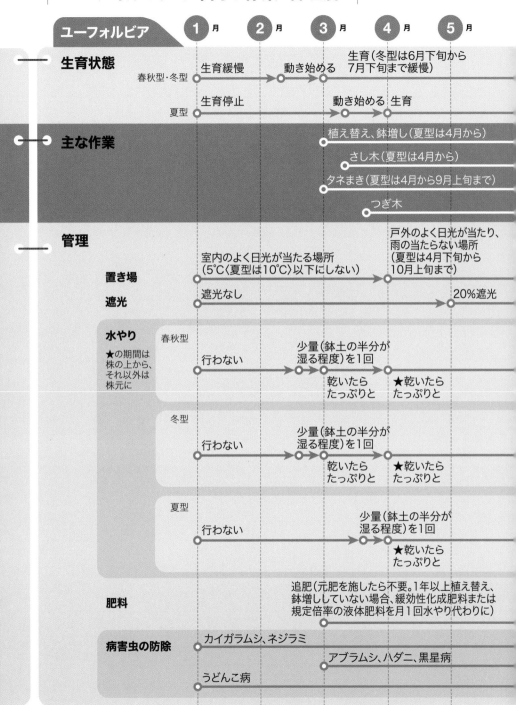

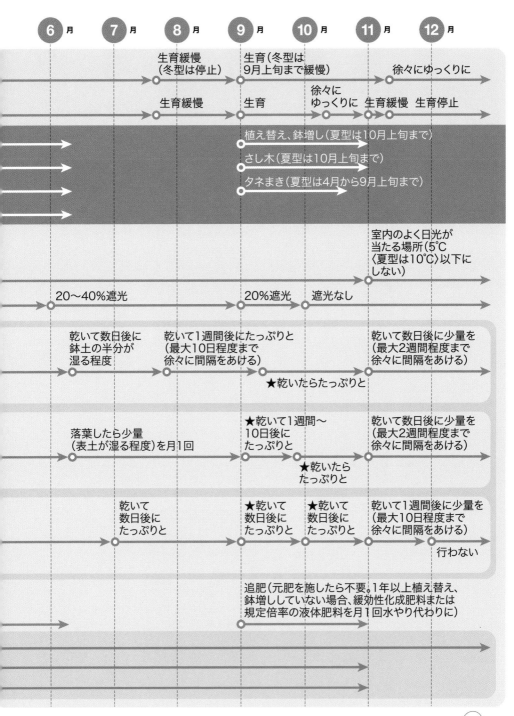

6月	7月	8月	9月	10月	11月	12月

生育緩慢
(冬型は停止)

生育(冬型は
9月上旬まで緩慢)

徐々にゆっくりに

生育緩慢

生育

徐々に
ゆっくりに

生育緩慢　生育停止

植え替え、鉢増し(夏型は10月上旬まで)

さし木(夏型は10月上旬まで)

タネまき(夏型は4月から9月上旬まで)

室内のよく日光が
当たる場所(5℃
〈夏型は10℃〉以下に
しない)

20～40%遮光

20%遮光

遮光なし

乾いて数日後に
鉢土の半分が
湿る程度

乾いて1週間後にたっぷりと
(最大10日程度まで
徐々に間隔をあける)

乾いて数日後に少量を
(最大2週間程度まで
徐々に間隔をあける)

★乾いたらたっぷりと

落葉したら少量
(表土が湿る程度)を月1回

★乾いて1週間～
10日後に
たっぷりと

乾いて数日後に少量を
(最大2週間程度まで
徐々に間隔をあける)

★乾いたら
たっぷりと

乾いて
数日後に
たっぷりと

★乾いて
数日後に
たっぷりと

★乾いて
数日後に
たっぷりと

乾いて1週間後に少量を
(最大10日程度まで
徐々に間隔をあける)

行わない

追肥(元肥を施したら不要。1年以上植え替え、
鉢増ししていない場合、緩効性化成肥料または
規定倍率の液体肥料を月1回水やり代わりに)

1月

January

Euphorbia

1月のユーフォルビア

戸外では最低気温が零下の日がふえ、1月下旬には極寒期を迎えます。寒さに強い冬型も1月に入ると生育が緩慢になり、春秋型はいっそう緩慢になります。夏型は11月中旬から生育を休止したままです。どの種類も生育期と比べると幹や枝は肌の艶がやや失われ、冬らしい顔つきになってきます。

Euphorbia pulvinata
× *Euphorbia obesa* ssp.*obesa*

ささがにまる
笹蟹丸×オベサ

育てやすい人気の交配種（7ページ参照）。8稜でくぼみは深く、肌は緑色。頂部に笹蟹丸譲りのとげが出る。直径が大きく、子吹きして群生株になりやすい。

今月の手入れ

春秋型・冬型は生育緩慢期、夏型は生育停止期に入っているため、この時期に行える作業はありません。

この病害虫に注意

カイガラムシ、ネジラミなど／室温が高いと、幹や枝でカイガラムシ（76ページ参照）や鉢底でネジラミが見つかることがあります。綿棒で取り除くか、薬剤を散布します。アブラムシやハダニの発生はほとんどありません。

うどんこ病、黒星病など／暖かい室内や簡易温室で空気が動かずに蒸れると、秋の終わりに出ていた葉や花芽などにうどんこ病が発生することがあります（68ページ参照）。また、冬の間に傷んだ部分から、春に黒星病による被害が現れることもあります（85ページ参照）。予防のためにも、室内、簡易温室ともに風通しをよくします（89ページ参照）。

冬型は
徒長に注意

バルサミフェラは冬型の代表種。夏に葉を落とし、秋に新葉を出して成長する。冬の生育は緩慢だが、葉が徒長しやすい。よく日光に当て、風通しを図る。

今月の栽培環境・管理

置き場

●**室内のよく日光が当たる場所**／12月に引き続き、室内の日光がよく当たる場所に置いて育てます。1月は戸外で10℃以上になる時間帯は少ないため、室内か戸外の簡易温室に置いての栽培になります。特に1月下旬〜2月上旬は1年でも最も寒い時期です。室内でも明け方は冷え込む場合があるので注意します。

　簡易温室で育てている場合、内部が下記の最低温度を下回るときは、プレートヒーターを利用したり、株を室内に移動させたりしましょう。晴天時には内部の温度が急激に上がり、蒸れることがあるので、扉や脇のビニールシートの開け閉めも忘れずに行います。

春秋型・冬型／最低温度が5℃を切らないように管理します。生育は緩慢ながら、わずかに動いているものが多く、室温が暖房などで高すぎると枝や葉が徒長することがあります。日光によく当て、サーキュレーターなどを稼働させて、風通しを図ります（89ページ参照）。十分に日光が当たらない室内では植物育成用LEDで補光すると徒長を防ぐのに効果があります（91ページ参照）。

夏型／最低温度が10℃を切らないように管理します。生育は休止していますが、日光によく当て、風通しには気をつけます。

水やり

●**行わない**／どの種類も水やりは行いません。1月は生育緩慢期、もしくは停止期なので、根はほとんど水分を吸収できず、長期間、培養土が湿った状態になるため、根を傷める可能性があります。

肥料

●**施さない**／生育緩慢期、もしくは停止期なので、肥料は施しません。

column

冬の温度管理

　冬の室内の温度は通常20℃前後。日中に窓辺で日光に当てると株の周囲の温度が30℃近くになる場合があるが、問題はない。夜間は春秋型・冬型は5℃以上、夏型は10℃以上の範囲内で温度を下げて、日較差（最高気温と最低気温の差）をつけることが大切。引き締まった株姿で育ち、生育のリズムもよくなる。

　逆に、冬も夜間に高い温度を維持し、昼との温度差が小さいと、生育は続くものの、春から秋と比較して日光が不足しているため、幹や枝、葉が徒長したり、生育のリズムが乱れて、冬を越したあとで調子をくずしたりしやすくなる。

2月 February

Euphorbia

2月のユーフォルビア

1月下旬〜2月上旬は、1年で最も寒い時期です。一方で日ざしは徐々に強くなり、日照時間も長くなって、室内でも日だまりは暖かくなってきます。緩慢な生育が続いていた春秋型・冬型も、早ければ2月中旬ごろから葉や枝、花芽などの動きが目立ってきます。夏型はまだ生育を休止したままです。

Euphorbia guentheri variegated

グエンテリ錦

以前はモナデニウム属。原種はケニアの標高900〜1000mに分布。幹はうろこ状で直径約2cmの棒形。白斑入り種はタイから「リチェイ錦」の名で輸入。冬は葉がピンク色に。

今月の手入れ

春秋型・冬型は生育緩慢期です。2月中旬に葉や枝、花芽などで動きが見られても、まだ生育期ではないため、この時期に行える作業はありません。夏型は生育停止期のため、作業は行いません。

この病害虫に注意

カイガラムシ、ネジラミなど／室温が高いと、幹や枝でカイガラムシ（76ページ参照）や鉢底でネジラミが見つかることがあります。綿棒で取り除くか、薬剤を散布します。アブラムシやハダニの発生はほとんどありません。

うどんこ病、黒星病など／暖かい室内や簡易温室で空気が動かずに蒸れると、葉や花芽などにうどんこ病が発生することがあります（68ページ参照）。日ざしは次第に強くなっています。黒星病などの予防も兼ねて、室内、簡易温室ともに風通しをよくします（89ページ参照）。

生育期への移行は花芽に現れやすい

2月下旬、ホリダの頂部近くの稜から花芽（花柄）が伸び始めた。この先端がふくらみ、3月には花が咲く。

今月の栽培環境・管理

置き場

●**室内のよく日光が当たる場所**／1月に引き続き、室内の日光がよく当たる場所で育てます。室内でも明け方は冷え込む場合があるので注意します。

　簡易温室も内部が下記の最低温度を下回るときは、プレートヒーターを利用したり、株を室内に移動させたりしましょう。晴天時には蒸れることがあるので、扉や脇のビニールシートの開け閉めも忘れずに行います。

春秋型・冬型／最低温度が5℃を切らないように管理します。日光によく当て、サーキュレーターなどを稼働させ、風通しを図ります（89ページ参照）。極寒期の2月上旬でもわずかに成長し、中旬からは多くの種類で、枝や葉が伸び出したり、花芽ができたりして、変化が現れてきます。改めて、置き場の環境を確認しましょう。

　よく晴れた日の昼間には、気温が10℃以上になる時間帯が出てきます。窓を開けたり、鉢を戸外に出したりして、日光に当て、外気に触れさせると、引き締まった株姿を維持できます。日光が十分に当たらない室内では、植物育成用LEDで補光するとよいでしょう（91ページ参照）。

夏型／最低温度が10℃を切らないように管理します。生育は休止したままですが、日当たりや風通しには気をつけます。

水やり

●**2月中旬までは行わない。下旬に生育の兆しが見え始めたら、軽く水やり**／2月中旬まで、水やりは行いません。鉢内の培養土が完全に乾いても、断水を続けます。

春秋型・冬型／2月中旬以降、葉や枝、花芽などが伸びるなどの変化が見られたら、下旬のよく晴れて暖かい日に軽く水やりをします。水の量は培養土の半分が湿る程度です。鉢内が乾くには何日もかかるため、2月の水やりは1回のみです。

夏型／水やりは行いません。

生育緩慢期の水やり

水やりはジョウロを使って株元に行い、幹や枝、葉をぬらさない。生育緩慢期は水分が乾きにくく、病気の原因になりやすい。

肥料

●**施さない**／生育緩慢、停止期なので、肥料は施しません。

3月

3月のユーフォルビア

日ざしが強くなり、3月中旬には最高気温が20℃近くまで上がる日も出てきます。春秋型・冬型は、3月上旬には葉や枝の伸びがはっきりとわかり、多くの種類で花が咲きます。変化を確認したら、生育期の管理に移行します。夏型も中旬には、茎や幹の先端部分に生育の兆しが見られるようになります。

Euphorbia flanaganii

フラナガニー、孔雀丸

タコものの代表格で育てやすい。原生地は南アフリカ（東ケープ州）。海岸近くの砂地の草原などに自生。丸い幹から多数の枝を出す。花には芳香がある。春秋型。

今月の手入れ

春秋型・冬型はどの作業も行えます。夏型は4月になり生育が始まってからにします。

●**植え替え、鉢増し**／生育期に入れば行えます（62〜65ページ参照）。

●**さし木、つぎ木、タネまき**／生育期に入れば行えます。さし木は66〜67ページ、つぎ木は72〜73ページ、タネまきは70〜71ページを参照してください。

この病害虫に注意

カイガラムシ、ネジラミ、アブラムシ、ハダニなど／潜んでいたカイガラムシ（76ページ参照）やネジラミが動き始めます。見つけたら、綿棒で取り除くか、薬剤を散布します。また、アブラムシやハダニも発生し始めます（対処は107ページ参照）。

うどんこ病、黒星病など／室温が上昇して蒸れると、うどんこ病や黒星病が発生することがあります（68、85ページ参照）。予防として、十分に風通しを図ります。

夏型の動き始めは開花から

頂部に花が咲き始めた夏型のコーデックスタイプ、プリムリフォリア。本格的な生育期は葉が出てから。慌てて水やりをしない。

今月の栽培環境・管理

置き場

●**室内のよく日光が当たる場所。3月中旬から室内外を出し入れ**／室内の日光がよく当たる場所で育てます。温度が上がると蒸れやすいので、昼間は窓を開けて風通しを図り、夕方には窓を閉めます。窓を閉めているときも、サーキュレーターなどを稼働させて、空気を動かしましょう（89ページ参照）。

戸外の簡易温室は、晴れた日は内部の温度が上がるので、必ず扉や脇のビニールを開け閉めして、換気に努めます。

春秋型・冬型／晴れた日の気温が10℃以上になる時間帯はできるだけ鉢を戸外に出し日光に当て、外気に触れさせます。夕方には室内に取り込みます。

夏型／3月下旬から、晴れた日の気温が15℃以上になる時間帯はなるべく戸外に出します。早めに室内に取り入れます。

室内の置き場

日光のよく当たる窓辺で、窓を開け閉めしやすい場所がよい。鉢の下に網状のトレイなどを敷くと風通しがよく、蒸れにくい。

水やり

●**生育期に入ったら、培養土が鉢の中まで乾いたらたっぷりと**／葉や枝がはっきりと動きだし、生育期に入った種類から、水やりを開始します。

春秋型・冬型／培養土が鉢の中まで乾いたら、鉢底から水が流れ出るぐらいたっぷりと水を与えます。乾き具合を確認する方法は100ページを参照してください。

最初はジョウロで培養土に水を与えます（59ページ参照）。最低温度が上がってきたら、株の頭からシャワーをかけるように水を与えます（69ページ参照）。

夏型／3月中旬まで行いません。下旬になったら、よく晴れて暖かい日に培養土の半分が湿る程度の軽い水やりを行います。

肥料

●**春秋型・冬型は1年以上、植え替え、鉢増ししていないものには施せる**／1年に1回の植え替え、鉢増し時に元肥を施していれば、施肥は不要です。

春秋型・冬型／前回の植え替え、鉢増しから1年以上たち、元肥の効果が薄れたら、液体肥料か緩効性化成肥料を規定量施せます（101ページ参照）。

夏型／施しません。

植え替え、鉢増し

適期

春秋型・冬型は3月上旬〜6月上旬、9月上旬〜10月下旬。夏型は4月上旬〜6月上旬、9月上旬〜10月上旬

基本は1年に1回行う

前回の植え替えから1年以上たつと、鉢の中で根が張って、いっぱいになってきます。何年も植え替えないと、根詰まりの原因になるほか、時間の経過とともに培養土の粒がくずれ、水はけや通気性が悪くなって、根腐れを起こすこともあります。

1年に1回、新しい培養土に植え替えることをおすすめします。栽培年数がたち、大株になって生育の勢いが落ち着いてきたものについては、植え替え、鉢増しは2年に1回を基本にするとよいでしょう。

秋は鉢増しが安全

作業の適期は春と秋です。春は主に「植え替え」を行います。根鉢をくずして古い培養土を取り除き、新しい培養土に入れ替えて、同じ大きさか一回り大きな鉢に植えつけます。作業後に新しい根がよく伸びて、根張りがよく、のちの成長もよくなります。

秋は植え替えも行えますが、根鉢をくずして根を傷めたまま、新しい培養土で植え替えると、次第に温度が低下して根づきが悪くなったり、冬の寒さで傷んだりします。秋は主に春に植え替えできなかった株や夏に新たに購入した株などを対象に、根鉢はくずさず、一回り大きな鉢に移し、新たな培養土と元肥を加える「鉢増し」を行います。

夏の間に生育が悪くなった株や根が傷んだ株などは、古い培養土を新しい培養土に入れ替える「植え替え」にしたほうがよい場合もあります(84〜85ページ参照)。

培養土に元肥を混ぜる

植え替え、鉢増しに使う培養土に元肥として有機質固形肥料か緩効性化成肥料を規定量混ぜておくと、1年は効果が続き、その間、追肥は不要になります。逆に1年を過ぎると、液体肥料の施肥か固形肥料の置き肥が必要です。培養土に元肥を混ぜて新たなスタートが切れることも、植え替え、鉢増しを1年に1回行いたい理由の一つです。

準備する道具

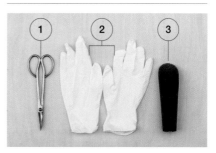

❶ハサミ、❷ゴム製などの破れにくい薄手の手袋(使い捨てのものがよい)、❸土入れ

ゴム製の手袋は必須!

ユーフォルビアは枝や葉、根を傷つけると白い乳液が流れ出す。肌に触れるとかぶれることがあるので、作業時は必ず手袋を着用しよう。

オリジナル培養土のつくり方

　植え替え、鉢増しには、市販の多肉植物用培養土を利用できます。しかし、自分で資材をブレンドして好みの培養土をつくると、栽培する種類や株の状態によって、細かな調整ができるメリットがあります。大株に育つと鉢も大きく、水が乾きにくいため、より水はけのよい培養土が必要になることもあります。軽石の比率をふやしたり、粒の大きな資材を使ったりするとよいでしょう。

　本書で使用している培養土は、右の資材からつくったものです。栽培環境や管理方法に合わせて、資材の配合の比率を変えて、アレンジしてください。元肥については101ページを参照してください。

あると便利な植え込み資材

鉢底石

スリットタイプのプラスチック鉢を使う場合は必要ないが、陶器鉢などに植え込む場合は、鉢底に敷くと水はけがよくなる。ここでは水はけのよい鹿沼土中粒を使用(写真)。軽石中粒などを用いてもよい。

化粧砂

培養土の表面に化粧砂を敷くと、育てている植物が引き立つ。写真は黒石小粒。赤玉土小粒、富士砂などを使ってもよい。

ユーフォルビア用の培養土

水はけと通気性を重視し、早めに水が乾きやすい培養土をつくる。

使った資材と配合の比率 ↓

赤玉土小粒:4
水はけ、通気性、水もちがよい。粒は時間がたつとくずれやすい。

＋

鹿沼土小粒:2
水はけ、通気性はよいが、水もちは悪い。粒は赤玉土よりも硬めで、くずれにくい。

＋

軽石小粒:2
細かな穴があいているため軽く、水はけ、通気性が非常によい。粒は硬く、ほとんどくずれない。

＋

バーミキュライト:1
天然の蛭石を高温で焼いて膨張させたもの。軽くて、水はけがよく、水もち、肥料もちがよい。

＋

くん炭:1
もみ殻を焼いたもので、土壌改良材として用いられる。水はけ、水もちがよい土にする。

元肥を加えると便利

有機質固形肥料(N-P-K=2.5-4.5-0.7)か、緩効性化成肥料(N-P-K=6-40-6など)を規定量。

作業例①

ガムケンシスの植え替え

　短い枝が数多く伸びるタコものタイプの代表格、ガムケンシスは株元の塊茎も見どころの一つ。原生地では塊茎は地下部にあるが、培養土の上に塊茎を出して、見えるように植えつけるとよい。

枯れた外葉

塊茎

step 1
同じ大きさの新しい鉢を準備

前回の植え替えから1年が経過したガムケンシス（右）。塊茎はあまり大きくなっていないので、同じ大きさの鉢（ここでは3号）を用意（左）。

step 2
古い培養土をすべて落とす

鉢から根鉢を取り出し、手でほぐして古い培養土をしごくようにしてすべて落とす。

地下に伸び
根は太く
肥大している。

step 3
根を整理する

傷んで濃褐色になった根は取り除く。長く伸びすぎた根があれば、新しい鉢に収まるようにハサミで切って整える。

step 4
枯れた枝を取り除く

外側で枯れた枝があれば、つけ根をハサミで切って取り除く。

step 5
1〜2日、傷口を乾かす

培養土が湿っていたら、根を切り詰めたあと、明るい日陰に1〜2日置いて傷口を乾かす。培養土が乾いていたり、傷んだ根を落とした程度なら必要ない。

鹿沼土中粒

元肥
入りの
培養土

step

6

新しい
培養土で
植え替え

陶器鉢は鉢穴を鉢底網で覆う。底に鹿沼土中粒を2cm程度入れ（上写真）、元肥入りの培養土（63ページ参照）を少量入れて、株を置く。すき間に培養土を入れる。

黒石

step

7

表面に
化粧砂を敷く

培養土を入れ終わったら、植え替え終了。さらに化粧砂として黒石を鉢縁からわずかに下まで敷くと、塊茎が引き立つ。

作業例②

ロッシー（夏型）の鉢増し

　ロッシーは低木タイプで夏型の代表格。生育旺盛で根張りも強い。夏型は10月には生育が緩慢になるので、春の植え替えがおすすめ。植え替え作業は基本的に左と同じだが、枝にとげが多いので注意する。夏に入手した場合、一度根鉢を取り出して、根の張り方を確認。根詰まりを起こしそうなら、秋に鉢増しをする。

取り出した
根鉢を確認

根鉢を取り出してみると、周囲を根がびっしりと覆っているが、鉢底にはまだ根は回っていない。秋はこのまま根鉢をくずさず鉢増しを行う。春なら左と同様に植え替える。

その後の管理

作業後は株元にジョウロで水やりは行ってよい。**5**で根を乾かさなかった場合は、植えつけ後に水やりを行わず、2〜3日、明るい日陰に置いて傷口を乾かしたあと、通常の水やりを開始してよい。そのあとは、通常の置き場へ鉢ごと移して管理を続ける。

鉢増しの仕方

根鉢は
なるべく
くずさない

一回り
大きな鉢

培養土

ふやし方①

さし木

適期

春秋型・冬型は3月中旬〜6月上旬、9月上旬〜10月下旬。夏型は4月上旬〜6月上旬、9月上旬〜10月上旬

枝を切って培養土にさす

　ユーフォルビアをふやす最も簡単な方法です。柱形タイプ、タコものタイプ、低木タイプなど、枝分かれする種類は枝を切り取って、培養土にさせば、根が伸びて、新たな株として育てることができます。長く育てて株姿が乱れてしまった場合などにも、さし木を行えば、新しい株としてつくり直すこともできます。

　作業で気をつけたいのは、乳液の扱いです。元の株からさし穂を切り取ると、切り口から白い乳液が流れ出します。この乳液が肌につくとかぶれることがあるので、作業時は必ずゴム製の手袋を着用し、肌に付着させないように注意します（62、106ページ参照）。

　さし穂の切り口から流れ出た乳液はそのまま固まらないように流水でよく洗い流し、明るい日陰に2〜3日置いて、切り口を乾かしてから、培養土にさします。水やり後、通常の置き場で管理すると、1か月程度で発根し、成長を始めます。

作業例

紅彩閣（エノプラ）のさし木

　紅彩閣は柱形タイプの代表格。次々に枝分かれして、枝が多くなり、形が乱れやすい。ふえた枝を取り除いて、株姿を整えるとよい。同時に、取り除いた枝はさし木して、株を更新することもできる。作業は、元の株の植え替え時に合わせて行うと便利。培養土は元肥の入っているものを用いる。道具は62ページを参照。

step **1**

枝分かれして
姿の乱れた株

元気よく育っているが、枝数がふえすぎて、鉢の大きさと比べ、バランスが悪くなっている。ふえすぎた枝は間引いて形を整えたい。

step **2**

枝を
つけ根で
切り取る

さし穂にする枝は傷んだり、曲がったりしていない健全な枝を選ぶ。ゴム製の手袋を着用後、ハサミでつけ根から切り取る。

step **3**

切り口
から出る
乳液に注意

さし穂の切り口
（上）から白い乳
液が流れ出す。触
れないように注意。
さし穂がついてい
たところから出た
乳液はティッシュ
などで拭いておく
（下）。

step **4**

乳液を
水で
洗い流す

切り口にシャワーな
どで水を当てて、乳
液を洗い流す。すぐ
に乳液の流れ出し
は止まる。ハサミに
ついた乳液も同様
に洗い流しておく。

step **5**

2～3日、
切り口を乾かす

日陰に2～3日置
いて、切り口を乾か
す。右は**4**で洗った
ばかりのさし穂。左
は3日たち、切り口
が乾いたさし穂。切
り口が大きい場合
は1～2週間おくと
よい。

step **6**

培養土に
さし穂を
さす

鉢に鉢底石を入
れ、培養土（元肥を
入れていないもの）
を入れたあと、さし
穂を置いて、植えつ
ける。さし穂の下部
2cm程度を埋めて
固定。

さし穂の下部
2cm程度を
埋める

step **7**

1か月
程度で
根づく

たっぷりと水を与
えたら、通常の置
き場、水やりで管
理。1か月程度で根
づく。成長点が動
き始めたら、根が
徐々に伸び始めた
証拠。

column

子株をとってさし木に

球形タイプの群生
株は混み合った部
分をかき取って（か
き子）、さし木に。
写真の子吹きシン
メトリカは直径
2cmくらいが発根
しやすい。下部の
5mm程度を培養
土に埋めて固定。

4月

April

Euphorbia

4月のユーフォルビア

4月中旬には最低気温が10
℃以上になり、遅霜のおそれ
もほぼなくなります。種類ごと
に戸外へ鉢を移して栽培をし
ます。どの種類も本格的に生
育を始め、幹や枝の肌はつや
を取り戻し、生き生きとしてき
ます。葉が伸びて変化が楽し
めるほか、種類や栽培環境に
よっては、この時期に開花す
るものや花後に果実ができる
ものもあります。

Euphorbia polygona

ポリゴナ

昔は「白衣ホリダ」と呼ばれていた個
体。肌が白くて美しく、28ページのゼ
ブラタイプとは違った魅力がある。苞
葉は基本種同様、黒褐色から紫色。

今月の手入れ

いずれの作業も行えます。

●**植え替え、鉢増し**／適期は春と秋です
が、この時期に行うと根づきやすく、あとに
生育期が長く続くため、失敗が少なく、充
実した株をつくることができます。(62〜
65ページ参照)。

●**さし木、つぎ木、タネまき**／いずれも行
えます。特にタネまきはこの時期であれ
ば、果実が充実するのを待ってとりまきが
でき、よく発芽します。さし木は66〜67ペ
ージ、つぎ木は72〜73ページ、タネまきは
70〜71ページを参照してください。

この病害虫に注意

**カイガラムシ、ネジラミ、アブラムシ、ハダ
ニなど**／幹や枝にカイガラムシ(76ページ
参照)や鉢底にネジラミを見つけたら、綿
棒で取り除くか、薬剤を散布します。アブラ
ムシやハダニは風通しを図り、発生したら、
薬剤を散布します(107ページ参照)。
うどんこ病、黒星病など／うどんこ病、黒
星病ともに発生することがあります(85ペ
ージ参照)。十分に風通しを図り、早めに
患部を葉や枝ごと取り除くなどします。

オベサに発生した
うどんこ病

頂部の花芽が粉を
吹いたようになる。
風通しと薬剤散布
で防除する。

今月の栽培環境・管理

置き場

●**戸外のよく日光が当たり、雨の当たらない場所へ移動**／生育型ごとに戸外での栽培に移行します。場所は日光が長時間当たり、雨がかからない軒下などです。

　戸外の簡易温室で育てている場合は、扉や脇のビニールを開放して、風通しを図ります。最低気温が下がるときは、早めにビニールを閉めます。高温にならないよう、下旬から温室の上に遮光率20%の遮光ネット（寒冷紗）を設置します。

春秋型・冬型／ソメイヨシノの花が終わるころを目安に、鉢を戸外に移動させます。4月中旬までは寒の戻りがあるので、その場合は事前に室内に移動させます。

夏型／晴れた日の気温が15℃以上になる時間帯はできるだけ鉢を戸外に出し、夕方までに室内に取り込みます。下旬から徐々に、完全に戸外に移しますが、寒さに弱いコーデックスタイプは5月からにします。

水やり

●**培養土が鉢の中まで乾いたら、たっぷりと**／生育期の水やりに移行します。

春秋型・冬型／培養土が鉢の中まで乾いたら、鉢底から水が流れ出るぐらいたっぷりと水を与えます。雨続きの日も気温の低い日もあるので、天気を考慮し、水やりの回数が多くなりすぎないよう、しっかり乾くのを待ってから、水を与えます。

夏型／葉や枝がはっきりと動きだし、生育期に入った種類から、水やりを開始します。特にマダガスカルの高地原産のコーデックスタイプ（スバポダ、プリムリフォリアなど）は水やりの間隔をやや長めにあけるのがコツです（104ページ参照）。

**生育期の
水やりは
株の上から**

散水用ノズルやハス口のついたジョウロを使って、雨を降らす要領で株の上からたっぷりと水を与える。

肥料

●**1年以上、植え替え、鉢増しをしていないものには施せる**／植え替え、鉢増し時に元肥を施していれば、施肥は不要です。

春秋型・冬型／前の植え替え、鉢増しから1年以上たった場合は、液体肥料を月1回か、3月に施していなければ緩効性化成肥料を規定量施せます。

夏型／生育期に入った種類から、春秋型・冬型と同様に施せます。

ふやし方②

タネまき

適期

春秋型・冬型は3月～6月上旬、9月上旬～
10月中旬。夏型は4月～9月上旬

次世代の株の個性が楽しい

　さし木と並んで、ユーフォルビアをふやす
ための重要な方法がタネまきです。オベサ
やシンメトリカなどには子株や枝が出ない
単頭タイプがあり、さし木では株をふやせま
せん。また、子株や枝を出しても、成長が遅
い種類もあり、数をふやすにはタネまきを行
います。交配によって、新しい種類をつくり
たい場合にもタネまきは必要です。

　ユーフォルビアは「雌雄異株」の種類が
多く、それらは雄花だけを咲かせる「雄株」
と雌花だけを咲かせる「雌株」に分かれます
（11ページ参照）。人気のオベサ、バリダ、ホ
リダなどはいずれも雌雄異株で、交配する
には雄株と雌株の両方が必要になります。
1つの株が雄花、雌花ともに咲かせる「雌雄
同株」の種類もありますが、雄花と雌花が咲
く時期がずれている場合もあります。

　交配後、タネが成熟するのに1か月程度
かかります。タネをとってすぐにまく「とりま
き」をすると発芽率が高まります。育苗は主
に室内で行うため、タネまきはいつでもでき
ますが、育苗や鉢上げの時期などを考える
と上記の適期（特に夏前）にまくのが安心で
す。鉢上げ後の管理は普通の株と同じです。

作業例

オベサの交配とタネまき

　オベサの単頭タイプはタネまきでふや
す。雌雄異株のため、雄株の雄花と雌株の
雌花の交配が必要になる。タネから育つ
次世代は株ごとに性質が異なり、ユニー
クな個性をもつ株が生まれる可能性があ
る。多めに苗を育てながら気に入った株を
選んでいくとよい。

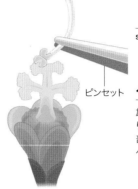

ピンセット

step **1**

人工授粉

雄花（雄しべ）をと
り、先端の花粉の
部分を雌花の雌し
べにこすりつける。

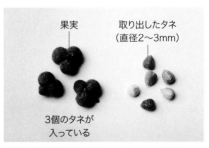

果実

取り出したタネ
（直径2～3mm）

3個のタネが
入っている

step **2**

果実から
タネを
取り出す

放置すると果実がはじけてタ
ネが散らばるので、完熟した
ら、速やかに株を大きなトレイ
などに置き、タネを集める。果
実から中のタネを取り出して
もよい。

step **3**

タネを
表面に置く

3号鉢に鉢底石、培養土を入れ、表面にバーミキュライトを1cm敷く。表面にタネ8個程度を均等に置く。発芽には光が必要なので、覆土はしない。

step **6**

大きくなった
株から
植えつけ

タネまきから7か月後の状態。生育のよい株から、根を傷めないようにそっと抜いて、1株ずつ植えつけ。手順とその後の管理は植え替えと同じ(64〜65ページ参照)。

step **4**

鉢底を
水に
浸しておく

植物名や日付を書いたプレートをさして、しっかりと水やり。平皿に水をため、鉢底を浸して、常に湿った状態に保つ。

その後の生育は……

タネまきから7か月。**6**で植えつけた直後の株。表面に赤玉土細粒を敷くと株が安定する。

タネまきから10か月。植えつけると一気に成長した。植えつけはこの程度の大きさまでに。

step **5**

10日程度で
発芽開始

明るい場所に置き、20℃程度の温度を保つと10日ほどで発芽する。発芽後も水を切らさず、同様の管理を続ける。

タネまきから1年8か月。上にふくらみ、オベサらしくなってきた。

タネまきから3年以上。きれいな球形になり、稜や模様も鮮明に。

ふやし方③

つぎ木

適期

どの種類も3月下旬〜6月上旬

特殊な種類を育て、ふやす方法

つぎ木はふやしたい植物を、ほかの植物につぎ合わせて育てる方法です。ユーフォルビアのなかには、生育の遅い種類や、葉緑素が少なく自根では育ちにくい斑入り種や珍しい綴化種などがあります。これらを「つぎ穂」とし、「台木」についで育てます。

台木には、白角キリン（レシニフェラ）、彩雲閣（トリゴナ）など、柱形タイプの生育旺盛な種類がよく用いられます。つぎ木株が大きく育ったら、切り分けてつぎ穂にし、別の台木に新たにつげば株をふやせます。

つぎ木に使った種類

Euphorbia horwoodii crested

ホルウッディ綴化

原生地はソマリア北東部。基本種は低木タイプで強いとげと幹や枝に入る模様が特徴。写真は白角キリンについだ綴化種で淡い色の模様が大きく広がって美しい。春秋型。

作業例

ホルウッディ綴化をふやす

珍しい品種のホルウッディ綴化を切り分けてつぎ穂とし、別の台木についでみよう。コツはつぎ穂と台木の維管束を正確に合わせること。作業は手早く行おう。うまく活着しない場合もあるので、多めに何株かつくるとよい。

準備するもの

①ホルウッディ綴化、②ティッシュペーパー、③白角キリン（台木）、④カッター、⑤木綿の糸など（つぎ木用の糸も市販されている）、⑥ゴム製手袋

step **1**

つぎたい部分を切り取る

ゴム製の手袋を着用。ホルウッディ綴化の、台木についだ場所よりも少し上をカッターで切り取る。

step 2
つぎ穂の調整

台木の先端にのせ
られる程度の大き
さ（3〜4cm）に切
り（上）、さらにつけ
根側を切り戻して、
切り口を平らにする
（中）。乳液が出る
ので、ティッシュペー
パーでぬぐい取る
（下）。

step 3
台木の調整

準備した白角キリ
ンの先端をカッター
で切る（上）。水
平に、かつつぎ穂
の維管束の大きさ
に合うような断面
になるように厚さ2
〜3mmですばやく
切り戻しながら調
整する（下）。乳液
が多く出るときは
霧吹きで湿らせ、ティッ
シュペーパー
でぬぐってもよい。

白い層になった
部分が維管束

step 4
維管束を密着させる

つぎ穂、台木ともに
再度、乳液をティッ
シュペーパーでぬ
ぐい取る。両者の
維管束をできるだ
け広い面積を合わ
せ、均等な力で密
着させる。

step 5
糸をかけて固定

糸を縦横に何重に
もかけて、つぎ穂と
台木がずれないよ
うに固定。空の鉢
などに立て、日陰で
風通しのよい場所
に置く。同じ要領で
数本つくっておくと
よい。

step 6
活着したら植えつける

1〜2週間程度た
ち、糸を外すと、活
着に失敗したもの
はつぎ穂がずれ落
ちる。活着したも
のをさし木と同じ
方法で植えつける
（66〜67ページ
参照）。

5月

May

5月のユーフォルビア

5月に入ると夏日(最高気温25℃以上)もふえてきます。多くの種類で花は咲き終わり、葉や枝が伸びて成長し、生き生きとした姿が楽しめます。特に春秋型、夏型はこの時期から旺盛に生育し始めます。冬型は休眠の準備の時期に入り、葉先が黄色くなってきます。

Euphorbia rossii

ロッシー

原生地はマダガスカル南西部。低木・コーデックスタイプで夏型。株元から枝を伸ばし、高さ1mほどに。2cm程度のとげがある。苞葉は緑色から黄色、赤色まで。さし木では塊茎が肥大しにくい。

今月の手入れ

いずれの作業も行えます。

●**植え替え、鉢増し**／適期です。早めに行い、6月の梅雨入りまでに根を活着させると安心です(62〜65ページ参照)。

●**さし木、つぎ木、タネまき**／適期です。タネまきは果実が充実してからとりまきをすると、よく発芽します。さし木は66〜67ページ、つぎ木は72〜73ページ、タネまきは70〜71ページを参照してください。

この病害虫に注意

カイガラムシ、ネジラミ、アブラムシ、ハダニなど／カイガラムシ(76ページ参照)やネジラミを見つけたら、綿棒で取り除くか、薬剤を散布します。アブラムシやハダニが多い時期です。発生したら、薬剤を散布します(107ページ参照)。

うどんこ病、黒星病など／うどんこ病、黒星病ともに多く発生する時期です。よく観察し、早めに対応します。風通しに十分注意します(68、85ページ参照)。

新陳代謝で枯れた下葉

冬型のバルサミフェラは5月になると、下葉が枯れ始める。病気ではない。夏の生育停滞期にはすべて落葉する。

今月の栽培環境・管理

置き場

●戸外の20%遮光した日光が長時間当たり、雨の当たらない場所／どの種類も雨がかからない戸外で栽培します。日光はなるべく長時間、当てますが、強い日ざしと高温で日焼けのおそれもあるので、5月に入ったら早めに遮光率20%の遮光ネット（寒冷紗）を設置し、その下に置きます。

　戸外の簡易温室はまだなら、できるだけ早く遮光ネットを設置します。扉や脇のビニールは常に開放し、風通しを図ります。

春秋型・冬型／上記参照。

夏型／上記参照。低木タイプなどの夏型は4月下旬から戸外に置いています。コーデックスタイプも5月に入り、花が終わり、葉が伸びてきたら、戸外に移動させます。

5～9月の戸外の置き場

雨よけのある場所に置き、上には遮光率20%の遮光ネットを張る。簡易温室では扉や脇のビニールは全面開放して、風通しを図る。

水やり

●培養土が鉢の中まで乾いたら、たっぷりと／どの種類も生育期の水やりを行います。培養土が鉢の中まで乾いたら、株の頭からシャワーをかけるようにして、鉢底から水が流れ出るまでたっぷりと与えます（69ページ参照）。気温の上昇とともに、乾くのが早くなりますが、水やりの回数が多くなりすぎないよう、しっかり鉢の中が乾くのを待ってからにします。

春秋型・冬型／上記参照。

夏型／上記参照。マダガスカルの高地原産のコーデックスタイプ（スバボダ、プリムリフォリアなど）は、水やりの間隔を長めにあけて、控えめに与えます（104ページ参照）。

肥料

●1年以上、植え替えていないものには施せる／1年に1回の植え替え、鉢増し時に元肥を施していれば、施肥は不要です。どの種類も前回の植え替え、鉢増しから1年以上たった場合は、液体肥料を月1回か、3～4月に施していなければ緩効性化成肥料が施せます。施す場合は、どちらも規定量です（101ページ参照）。

6月

June

Euphorbia

6月のユーフォルビア

6月上旬には強い日光が降り注ぎます。中旬には梅雨に入ります。乾燥から半乾燥地域が原生地のユーフォルビアは日本の高温多湿の夏が苦手です。風通しに気をつけ、水やりの間隔も調整します。冬型は葉を落として休眠に向かいます。春秋型、夏型は生育期ですが、梅雨に入ったら過湿に注意しながら、栽培を続けます。

Euphorbia heterodoxa

ヘテロドクサ

原生地はブラジル北東部、南東部の主にサバナ気候の地域。枝は棒状でライムグリーン。節から葉が出る。苞葉が大きく特徴的。夏型。

今月の手入れ

6月上旬まではいずれの作業も行えます。梅雨入りしたら、作業は行いません。

●**植え替え、鉢増し**／根詰まりや根傷みなどで、植え替えが必要な場合に行います。そうでない場合は、秋に鉢増しをしたほうが安全です（62〜65ページ参照）。

●**さし木、つぎ木、タネまき**／6月上旬に早めに行います。さし木は66〜67ページ、つぎ木は72〜73ページ、タネまきは70〜71ページを参照してください。

この病害虫に注意

カイガラムシ、ネジラミ、アブラムシ、ハダニなど／幹や枝にカイガラムシや鉢底にネジラミを見つけたら、綿棒で取り除くか、薬剤を散布します。アブラムシやハダニが多い時期です。発生したら、薬剤を散布します（107ページ参照）。

うどんこ病、黒星病など／発生が多くなります。早めに対応します。風通しに十分注意します（68、85ページ参照）。

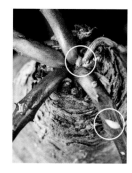

カイガラムシの発生

デシドゥアの葉柄やそのつけ根についたコナカイガラムシ。葉や枝が密集した場所に潜んでいることが多い。

今月の栽培環境・管理

置き場

●**戸外の20%遮光した日光が長時間当たり、雨の当たらない場所**／どの種類も雨が当たらない戸外で栽培します。遮光率20%の遮光ネット（寒冷紗）下に置き、なるべく長時間、日光に当てます。

梅雨に入って、長雨が続くと株は徒長しがちです。一方で突然の晴れ間で、日焼けや高温障害を起こすこともあるので、天気の変化には十分気をつけます。強い西日が当たる場所では遮光率を30〜40%に高めるなどの対策をします。また、湿度が高いときは、いっそうの風通しを図ります。

戸外の簡易温室は遮光率20%の遮光ネットを上に張り、扉や脇のビニールを常に開放し、風が抜けるようにします。蒸れる場合は、サーキュレーターを稼働させます。

春秋型・冬型／上記参照。

夏型／上記参照。マダガスカルの高地原産のコーデックスタイプ（スバポダ、プリムリフォリアなど）は、ほかの種類以上に風通しを図り、涼しくします（104ページ参照）。

水やり

●**培養土が鉢の中まで乾いたら、たっぷりと**／6月上旬までは、どの種類も生育期の水やりを行います。培養土が鉢の中まで乾いたら、株の頭からシャワーをかけるようにして、鉢底から水が流れ出るまでたっぷりと与えます（69ページ参照）。

中旬に梅雨に入ったら、生育型によって、以下のように水やりを変えます。

春秋型／中旬から回数、量ともに減らします。しっかり乾いてから、数日おいて、培養土の半分が湿る程度の水を与えます（59ページ参照）。雨が続く場合は、1週間程度、間隔があいてもかまいません。

冬型／落葉するまで水やりは控え、落葉したら鉢土の表面が湿る程度の水を月1回与えます。

夏型／中旬以降も培養土が鉢の中まで乾いたら、鉢底から水が流れ出るまでたっぷりと与えます。回数は控えめにしますが、気温が高いと蒸散量がふえ、葉がしんなりとした状態が続き、水切れを起こすので株をよく観察します。マダガスカルの高地原産のものについては5月と同じです。

肥料

●**1年以上、植え替え、鉢増ししていないものには6月上旬まで施せる**／どの種類も前回の植え替え、鉢増しから1年以上たった場合は、6月上旬まで液体肥料を規定量施せます（101ページ参照）。緩効性化成肥料は施しません。また、梅雨に入ったら、液体肥料も施しません。

Euphorbia

7月のユーフォルビア

7月中旬まで梅雨が続きます。梅雨が明けると猛暑日が連続し、最高気温が40℃を超えることもあります。熱帯夜も続きます。下旬までに冬型は葉を落として完全に生育停止するので、断水します。春秋型も生育が停滞して、オベサ、バリダ、ホリダなどは変化がほとんど見られません。夏型も生育緩慢になるので、春秋型と同じような管理にします。

Euphorbia clivicola

クリビコラ

南アフリカ（リンポポ州）の尾根や斜面に自生。四角の枝が枝分かれして横に広がり、大株になる。高さ25cmまで。小さなとげがある。春秋型。

 今月の手入れ

7月は行える作業はありません。

 この病害虫に注意

カイガラムシ、ネジラミ、アブラムシ、ハダニなど／幹や枝にカイガラムシ（76ページ参照）や鉢底にネジラミを見つけたら、綿棒で取り除くか、薬剤を散布します。アブラムシの発生もありますが、梅雨が明けて空気が乾燥すると、ハダニの被害が多くなります。特にタコものタイプに発生しやすい傾向があります。換気を図って予防し、発生したら薬剤散布を行います（107ページ参照）。

うどんこ病、黒星病など／気温が高くなると、うどんこ病の発生は少なくなりますが、蒸れと多湿による黒星病の発生が多くなってきます。風通しに十分注意します。発生したら、早めに患部を葉や枝ごと取り除くなどします。また、高温障害（生理障害の一種）が出やすくなるので注意が必要です（68、85ページ参照）。

日焼けを起こしたオンコクラータ綴化

白い部分は日焼け。軽度なのでこのままで育てる。ひどいと組織が死んで、株ごとダメになることも。正常な部分をさし木して仕立て直す。

今月の栽培環境・管理

置き場

●戸外の20%遮光した日光が長時間当たり、雨の当たらない場所／どの種類も雨が当たらない戸外で栽培します。遮光率20%の遮光ネット（寒冷紗）下に置き、なるべく長時間、日光に当てます。

　この時期は置き場の空気がよどまないよう、特に注意します。戸外でもサーキュレーターを稼働させるなどします。長雨が続くと、株は徒長することもあります。梅雨が明けると、強烈な太陽が照りつけ、高温障害を起こすこともあります。強い西日が当たる場所（簡易温室も含む）では遮光率を30〜40%に高めましょう。

　ゲリラ豪雨が多く発生する時期です。雨が置き場に吹き込んで、株に当たらないように注意します。台風が接近するときは、事前に鉢を室内に取り込みます。設置した遮光ネットや簡易温室のビニールシートが飛ばされないように対策をとります。

春秋型・冬型／上記参照。
夏型／上記参照。ビグエリーなどの柱形タイプや、ハナキリンに近いロッシーなど低木タイプには戸外で雨に当てられるものもあります。一方、マダガスカルの高地原産のコーデックスタイプ（スバポダ、プリムリフォリアなど）は雨を避け、株元の塊茎（芋）にはなるべく強い日光を当てないなどの注意が必要です（104ページ参照）。

水やり

●培養土が鉢の中まで乾いてから、生育型ごとに間隔をあけて水を与える／7〜8月は水やりに注意が必要です。鉢の中までしっかり乾いてから、間隔をあけて水を与えます。必ず朝か夕方にジョウロにハス口をつけないで株元に水やりを行い、幹や枝、葉に水がかからないようにします（59ページ参照）。

春秋型／培養土が鉢の中まで乾いて数日おいてから、鉢土の半分が湿る程度が基本です。梅雨で雨が続く場合は1週間程度の間隔をあけ、空梅雨の場合は日をおかないなどの調整が必要です。梅雨が明けたら、間隔は1週間程度を基本にします。
冬型／落葉するまで水やりは控え、落葉したら鉢土の表面が湿る程度の水を月1回与えます。
夏型／培養土が鉢の中までしっかり乾いたら、間隔を数日あけて、鉢底から水が流れ出るまでたっぷりと水を与えます。ただし、低木タイプは水を欲しがるものもあります。マダガスカルの高地原産のコーデックスタイプは、1週間〜10日に1回にします（104ページ参照）。

肥料

●施さない／肥料は施しません。

8月

August

8月のユーフォルビア

猛暑日が連続し、お盆を過ぎても、厳しい残暑が続きます。高温や過湿でダメージを受けると、秋になって障害が現れるので、風通しと水やりのタイミングに注意します。冬型は生育停止、春秋型も生育停滞から停止の状態です。オベサ、ホリダなどは肌のつやが失われ、夏独特の堅い表情になります。夏型はゆっくりと成長しています。

Euphorbia neriifolia variegated

キリン角錦

キリン角の斑入り種。標準種はインド中央部から南部が原生地。スリランカやタイなどで野生化。岩場に自生し、分枝して高さ2〜6mに。夏型。

今月の手入れ

8月は行える作業はありません。

この病害虫に注意

カイガラムシ、ネジラミ、アブラムシ、ハダニなど／幹やカイガラムシ（76ページ参照）やネジラミを見つけたら、綿棒で取り除くか、薬剤を散布します。乾燥が続くとハダニが発生しやすくなります。特にタコものタイプは注意が必要です。アブラムシは少なくなるものの、発生することがあります。換気を図って予防し、発生したら薬剤散布を行います（107ページ参照）。

うどんこ病、黒星病など／蒸れによる黒星病の発生に注意します。発生したら、早めに患部を葉や枝ごと取り除くなどします。うどんこ病の発生は少なくなってきますが、まだ発生する場合があります。風通しに十分注意します。また、高温障害が発生しやすいので、置き場の環境づくりに気をつけます（68、85ページ参照）。

ダニ類による被害

一見、子吹きに見えるが、フシダニ類に吸汁されると痕がふくらみ、球状になることがある。患部をピンセットで取り除いてから株を隔離。被害としてはまれだが、環境を整えて予防。

今月の栽培環境・管理

置き場

●**戸外の20%遮光の日光が長時間当たり、雨の当たらない場所**／どの種類も雨が当たらない戸外で栽培します。遮光率20%の遮光ネット（寒冷紗）下に置き、なるべく長時間、日光に当てます。猛暑日は特に風通しに気をつけます。遮光やサーキュレーターの稼働、ゲリラ豪雨や台風対策は7月と同じです（79ページ参照）。

春秋型・冬型／上記参照。

夏型／上記参照。ビグエリーなどの柱形タイプや、ロッシーなど低木タイプには戸外で雨に当てられるものもあります。マダガスカルの高地原産のコーデックスタイプは雨を避け、株元の塊茎（芋）にはなるべく強い日光を当てないなどの注意が必要です（104ページ参照）。

水やり

●**培養土が鉢の中まで乾いてから、生育型ごとに間隔をあけて水を与える**／水やりの間隔調整に注意が必要な時期が続きます。鉢の中までしっかり乾いてから、間隔をあけて水を与えます。必ず朝か夕方にジョウロにハス口をつけないで株元に水やりを行い、幹や枝、葉に水がかからないようにします（59ページ参照）。

春秋型／生育緩慢の状態で、根はほとんど水を吸収できません。培養土が鉢の中まで乾いてから、1週間程度待って、水やりを行います。9月が近づいたら少しずつ水やりの間隔を短くします。

冬型／落葉するまで水やりは控え、落葉したら鉢土の表面が湿る程度の水を月1回与えます。

夏型／培養土が鉢の中までしっかり乾いたら、間隔を数日あけて、鉢底から水が流れ出るまでたっぷりと水を与えます。ただし、低木タイプには水を欲しがるものもあるので注意します。マダガスカルの高地原産のコーデックスタイプは、2週間に1回程度にします（104ページ参照）。

夏型の水やりは葉をよく観察

スパンリンギーはマダガスカルの高地原産のコーデックスタイプ。水やり直後には葉は横にぴんと張る（写真）。強光や高温下では、葉がU字形に丸まる。その状態が数日続くようなら水やりを行う。

肥料

●**施さない**／生育緩慢期、もしくは停止期なので、肥料は施しません。

9月

September

Euphorbia

9月のユーフォルビア

残暑が厳しいものの、最低気温が下がってくると、春秋型、冬型ともに生育緩慢ながら成長を再開します。特に冬型は彼岸過ぎから、夏前に葉を落としていた枝に新葉が出始め、新たな1年のサイクルに入ります。夏型も旺盛に生育します。生育期に入ると、管理によっては徒長の目立つものも出てきます。

Euphorbia trichadenia

トリカデニア

楕円形の塊茎をもつコーデックスタイプ。南アフリカからナミビア、ジンバブエなどの草原に自生。春秋型で生育期には細い枝と葉を出す。晩秋には落葉。奇妙な形の花も魅惑的。

 今月の手入れ

●**植え替え、鉢増し**／9月上旬から適期です。活着後、冬に向かうため、早めに行います。春秋型、夏型は根鉢を大きくくずす植え替えはなるべく避け、鉢増しを行うほうが安全です（62〜65ページ参照）。

●**さし木、タネまき**／さし木、タネまきの適期です。さし木は66〜67ページ、タネまきは70〜71ページを参照してください。つぎ木は行いません。

 この病害虫に注意

カイガラムシ、ネジラミ、アブラムシ、ハダニなど／幹や枝にカイガラムシ（76ページ参照）や鉢底にネジラミを見つけたら、綿棒で取り除くか、薬剤を散布します。ハダニは少なくなりますが、アブラムシの発生は続きます（107ページ参照）。

うどんこ病、黒星病など／黒星病がよく発生します。また、簡易温室ではうどんこ病も発生します。早めに患部を葉や枝ごと取り除くなどします（68、85ページ参照）。

根腐れを起こしたオベサ

球が縮み、紫色に変色。根腐れで水を吸えていない。夏に起こりやすい。傷んだ根を整理して植え替える。

今月の栽培環境・管理

置き場

●**戸外の20%遮光した日光が長時間当たり、雨の当たらない場所**／どの種類も雨が当たらない戸外で栽培します。遮光率20%の遮光ネット（寒冷紗）下に置き、なるべく長時間、日光に当てます。

　日ざしが和らぎ、気温も下がってくるため、遮光率30〜40%にしていた場合は、株の状態を見ながら、遮光率20%に下げます。また、台風が接近するときは事前に鉢を室内に取り込み、置き場に被害が出ないように注意します。

春秋型・冬型／上記参照。

夏型／上記参照。マダガスカルの高地原産のコーデックスタイプ（スパポダ、プリムリフォリアなど）は、ほかの種類以上に風通しを図ります（104ページ参照）。

水やり

●**培養土が鉢の中まで乾いてから、生育型ごとに間隔をあけて、たっぷりと水を与える**／徐々に生育期の水やりに切り替えます。水やりは、株の頭からシャワーをかけるようにして、鉢底から水が流れ出るまでたっぷりと与えます（69ページ参照）。

春秋型・冬型／生育の勢いに合わせて、間隔を徐々に短くし、春秋型は9月中旬から、冬型は下旬から、培養土が鉢の中まで乾いたら、日をおかずに水やりを行います。

夏型／上記参照。マダガスカルの高地原産のコーデックスタイプは、水やりの間隔を長めにあけて、生育を見守ります（104ページ参照）。

肥料

●**1年以上、植え替え、鉢増ししていないものには施せる**／1年に1回の植え替え、鉢増し時に元肥を施していれば、施肥は不要です。前回の植え替え、鉢増しから1年以上たった場合は、液体肥料を月1回か緩効性化成肥料を規定量施せます。

column

秋の徒長に注意！

　9〜10月は秋の長雨もあり、徒長しやすい時期。株をよく観察して、日光、風通し、水やりの頻度を調整しよう。

バリダの例。左の引き締まった株と比べると、右は頂部や稜の谷間が広がり、薄い緑色になっている。徒長が起きているサイン。

傷んだ株の
レスキュー

適期

春秋型・冬型は3月上旬～6月上旬、9月
上旬～10月下旬。夏型は4月上旬～6月
上旬、9月上旬～10月上旬

根が生きていれば復活可能

　ユーフォルビアは水を与えすぎたり、雨
に当てたりすると傷みやすいものの、雨の
当たらない場所であれば、1～2か月放置
されたままでも、体にため込んだ水分と養
分だけで生き延びられる強さをもっていま
す。夏の暑さや冬の寒さで傷んだ株も、生
育期に入れば、枝や葉、根など傷んだ部分
を整理して、植え替えれば、復活させられ
ることもあります。あきらめず、株の状態を
チェックしてみましょう。

**長く放置され
傷んだ株**

置き場のわきに置
かれたままになっ
ていた玉鱗宝（グ
ロボーサ）。植え替
えも5年以上行わ
れておらず、枝や花
柄なども大きく枯
れている。

step **1**

**枯れた
部分を
取り除く**

ゴム製の手袋を着
用。枯れた枝や葉、
花柄などを取り除
く。細かいものはピ
ンセットを使うとよ
い。

step **2**

**先端が
生きている
枝は残す**

地上部の整理を終
えた株。枝はやせて
細くなっていても、先
端に緑色が残り（左
の丸写真）、生きて
いるものは残す。

step **3**

**根の状態を
確認**

鉢から根鉢を抜い
て、根を観察。黒ず
んで傷んでいる部
分もあるが、白く生
きた根が多い。植
え替えれば復活で
きる。

step **4**

古い
培養土を
取り除く

根鉢をくずして、古い培養土を取り除く。傷んだ根や長すぎる根は切っておく。要領は植え替えと同じ（64〜65ページ参照）。

step **5**

木質化した
枝を生かして
植え替え

木質化した肌の質感や垂れた独特の枝姿を生かして、石なども置いて植え替え。

step **6**

ハビタット
スタイルに
大変身

白い小石の間から芽を出し、株が育ったような「ハビタットスタイル」（96ページ参照）に生まれ変わった。根を整理したので2〜3日たってから、水やりを開始。通常の管理へ。

column

茶色く傷んだ場合は……

　幹や枝、葉などが、茶色から褐色に変化した部分は、組織が傷んで、死んでいる可能性が高い。いずれも初夏から秋にかけての高温多湿期に発生しやすい。株自体が枯死することもあるので、気づいたら、すぐに対応する。風通しを図るなどの予防が大切。

黒星病。褐色になった子吹きシンメトリカ。蒸れやすい時期に水分が付着すると発生しやすい。ほかの株から隔離し、傷んだ子株はかき取る。予防については107ページを参照。

高温障害。茶色くなったホリダ。夏に強い日光に当たり、株が傷んだ。ここまで進行すると復活は不可能。右側の正常な子株を取って植えつける。

10月 October

Euphorbia

10月のユーフォルビア

秋の生育期が続きます。夏型は葉が落ち始め、生育が遅くなってきます。10月中旬には寒さに弱い種類は夜間、室内に取り込みます。春秋型は生育を続けています。冬型は葉が出るだけでなく、花が咲き始めるものもあります。最低気温が下がってくると、種類によっては幹や枝の肌や葉の色がほんのりと赤みを帯びてくるものもあります。

Euphorbia 'Gabisan'

がびさん
'峨眉山'

瑠璃晃（21ページ参照）と鉄甲丸（35ページ参照）の交配品種。日本での作出。頂部で葉が広がる。子株がふえて群生。育てやすい。春秋型。

 今月の手入れ

作業が行えるのは、夏型は10月上旬までで、春秋型・冬型は10月下旬までです。いずれもできるだけ早く済ませます。

●**植え替え、鉢増し**／この時期に行う場合は、植え替えではなく、根を傷めにくい鉢増しのほうが安全です。特に夏型は生育が遅くなっているので、鉢増しのみにします。特に急ぐ必要がなければ、翌春3月以降の植え替えの時期を待ってもかまいません（62〜65ページ参照）。

●**さし木、タネまき**／さし木、タネまきが行えます。さし木は66〜67ページ、タネまきは70〜71ページを参照してください。つぎ木は行いません。

 この病害虫に注意

カイガラムシ、ネジラミ、アブラムシ、ハダニなど／カイガラムシ（76ページ参照）やネジラミは、株を暖かい室内や簡易温室に移動させるとふえることがあります。移動させる前に幹や枝、鉢底などをよく調べ、見つけたら綿棒で取り除くか、薬剤防除するとよいでしょう。アブラムシ、ハダニの発生は次第に少なくなります。

うどんこ病、黒星病など／どちらも発生は少なくなります。室内や簡易温室など蒸れやすい環境では、幹や枝についた水が次第に乾きにくくなってきます。病気発生の一因になるので、日中はしっかりと換気に気を配り、予防します（89ページ参照）。

86

今月の栽培環境・管理

置き場

●**日光が長時間当たり、雨の当たらない戸外。夏型は10月中旬に室内へ**／10月に入ったら、遮光ネット（寒冷紗）は取り外し、日光が長時間当たり、雨が当たらない戸外に置いて育てます。

　戸外の簡易温室で育てている場合も遮光ネットを取り外します。昼間は扉や脇のビニールシートを開放して換気に努め、最低気温によっては、夜間は閉めます。

　台風の接近時には鉢を室内に取り込み、置き場の被害が出ないようにします。

春秋型・冬型／最低気温が10℃を切る場合は、一時的に鉢を室内に移動させます。

夏型／中旬には最低気温が15℃を切るので、室内か簡易温室に移します。室内では日光がよく当たる窓辺などで、昼間は窓を開け、サーキュレーターなどで空気を動かします（89ページ参照）。

水やり

●**培養土が鉢の中まで乾いてから、たっぷりと。夏型は徐々に頻度を減らす**／培養土が鉢の中まで乾いてから、水やりを行います。株の頭からシャワーをかけるようにして、鉢底から水が流れ出るまでたっぷりと与えます（69ページ参照）。

春秋型・冬型／培養土が鉢の中まで乾いてから、日をおかずに水やりを行います。

夏型／生育が遅くなってきます。頻度を減らし、培養土が鉢の中まで乾いてから、数日たってから水やりを行います。

肥料

●**1年以上、植え替えていないものには施せる**／1年に1回の植え替え、鉢増し時に元肥を施していれば、施肥は不要です。前回の植え替え、鉢増しから1年以上たった場合は、液体肥料を月1回、規定量施します。緩効性化成肥料は施しません。

春秋型・冬型／10月いっぱいは施せます。

夏型／施せるのは上旬までです。

花がらはつけたままでもOK

秋の生育期のゴルゴニス。枝の先端近くから短い新葉が伸び、春から初夏に咲いた苞葉は茶色く枯れている（下）。取り除かず、枯れた姿を楽しんでもよい。

11月 <small>November</small>

Euphorbia

11月のユーフォルビア

最低気温が10℃を切る日がふえます。どの種類も室内か簡易温室での栽培に移行します。日中は風をしっかり当てます。中旬には夏型は生育停止期に入ります。春秋型は次第に生育が遅くなり、冬型は生育が続きます。11～12月に開花したり、幹や枝の肌や葉が鮮やかな赤色に色づく種類もあります。

Euphorbia heptagona crested

エノプラ モンストローサ

エノプラが石化したもの。25ページの黄刺タイプと異なり、とげは赤色。左側の柱状の枝は、枝分かれで元の状態に戻ったもの。右側のモンストローサの部分との対比がおもしろい。

今月の手入れ

夏型は生育緩慢期、春秋型・冬型は生育は続いていますが、だんだん生育が遅くなるため、行える作業はありません。

この病害虫に注意

カイガラムシ、ネジラミなど／カイガラムシ（76ページ参照）やネジラミは、株を暖かい室内に移動させるとふえることがあります。見つけたら、綿棒で取り除くか、薬剤を散布します。アブラムシ、ハダニの発生はほとんどありません。

うどんこ病、黒星病などの発生もほとんどありません。病気の予防のためにも、風通しをよくします。

簡易温室で育てる

屋上に設置した例。金属パイプの骨組みにハウス用ビニールシートを張ったもの。床面はメッシュの鋼材で、風通しがよく、水も乾きやすい。

今月の栽培環境・管理

置き場

●**室内のよく日光が当たる場所**／11月上旬からは、どの生育型も日光がよく当たる窓辺などの室内に置いて育てます。日ざしがさし込むと蒸れやすいので、必ず窓を開けて、風通しを図ります。十分に日光が当たらない室内では植物育成用LEDで補光するとよいでしょう（91ページ参照）。

　簡易温室では、晴天時に内部の温度が上がって蒸れるので、扉や脇のビニールシートを開け、夕方に閉めるようにします。下記の最低温度を下回るときは、プレートヒーターを利用するか、株を一時的に室内に移動させます。

春秋型・冬型／11月上旬に鉢を室内に取り込みます。成長が続いているので、暖かい室内で枝や葉が徒長することがあります。日光によく当て、風によく当てます。

夏型／室内の最低温度が10℃を切らな

サーキュレーターで風通しを図る

小型のサーキュレーターがあると便利。窓のそばに置くと、風のないときも外の空気を呼び込める。

いように管理します。11月中旬から最低気温が10℃を切る日が多くなるので注意します。生育は停止していますが、日光によく当て、風通しには気をつけます。

水やり

●**培養土が鉢の中まで乾いてから、間隔をあけて、水を与える**／株の生育が遅くなっていくのに合わせて、水やりの間隔を徐々にあけていきます。晴れて暖かい日にジョウロにハス口をつけないで株元に水やりを行い、幹や枝、葉に水がかからないようにします（59ページ参照）。水の量は培養土の半分が湿る程度です。

春秋型・冬型／11月上旬は培養土が鉢の中まで乾いてから、数日おいて、水やりを行います。気温が下がると培養土が乾くのが遅くなり、下旬には10日〜2週間に1回程度になります。

夏型／水やりの間隔をあけていきます。上旬は1週間に1回、下旬は2週間に1回程度を目安にします。

肥料

●**施さない**／生育緩慢期、もしくは生育が次第に遅くなってくる時期なので、肥料は施しません。

12月のユーフォルビア

最低気温が5℃を切る日がふえてきます。室内は暖かいものの、窓からさし込む日光は弱まり、日照時間も短くなります。夏型は生育停止したままです。春秋型・冬型はゆっくりと成長していますが、変化は少なくなります。春には、秋までに蓄えた水や養分を使って動きだします。冬の間はストレスを与えず、体力の温存を図ります。

Euphorbia ecklonii

エクロニー、鬼笑い

原生地は南アフリカ（西ケープ州）。冬型のコーデックスタイプ。基本的に単頭だが、年月がたつと2頭、3頭と分岐する。春の終わりに開花。

今月の手入れ

夏型は生育停止期です。春秋型・冬型は1月には生育緩慢期に入るため、行える作業はありません。

この病害虫に注意

カイガラムシ、ネジラミなど／室温が高いと、幹や枝にカイガラムシ（76ページ参照）や鉢底にネジラミが見つかることがあります。綿棒で取り除くか、薬剤を散布します。アブラムシやハダニの発生はほとんどありません。

うどんこ病、黒星病など／蒸れると秋の終わりに出ていた葉や花芽などにうどんこ病が出ることがあります（68ページ参照）。温度が下がり、水が幹や枝につくと乾きにくく、黒星病などの原因になります。冬の間に傷むと、春にその部分から病気が広がり、被害として現れてくることもあります。特に暖かい室内、簡易温室では、予防のためにも、日中は風通しをよくします（89ページ参照）。

クリスパの新葉と蕾

冬型のクリスパ（50ページ参照）は秋からよく成長し、緑色の葉を次々と出す。11～12月には赤紫色に変わっていき、美しい。

今月の栽培環境・管理

置き場

●**室内のよく日光が当たる場所**／11月に引き続き、室内の日光がよく当たる窓辺などに置いて育てます。昼間は戸外の気温を見て、窓を開けて、風通しを図ります。気温が低く、窓を閉めているときもサーキュレーターを稼働させ、空気を動かします。12月下旬には戸外では霜が降りる日が出てきます。室内でも明け方は冷え込む場合があるので注意します。

　簡易温室で育てている場合、内部が下記の最低温度を下回るときは、プレートヒーターを利用したり、株を室内に移動させたりします。晴天時には内部の温度が急激に上がり、蒸れることがあります。扉や脇のビニールシートの開け閉めも忘れずに行います。

春秋型・冬型／室温が最低温度5℃を切らないように管理します。ゆっくりと生育が続いていて、温度が高いと枝や葉が徒長することがあるので、日当たりや風通しにも気をつけます。

夏型／最低温度が10℃を切らないように管理します。生育は停止していますが、日光によく当て、風通しには気をつけます。

水やり

●**春秋型・冬型は水やりの間隔を徐々にあける。夏型は行わない**／根の活動が止まってくると、水分はほとんど吸収できなくなります。

春秋型・冬型／1月には水やりを行わなくなるので、それに向けて、水やりの間隔を徐々にあけていきます。12月上旬は10日に1回、下旬は2週間に1回程度が目安です。幹や枝、葉、花などに水がかからないよう、ジョウロで用土に水を注ぎます（59ページ参照）。水の量は培養土の半分が湿る程度です。

夏型／生育停止期に入っているので、水やりは行いません。

肥料

●**施さない**／夏型はすでに生育停止期に入り、春秋型・冬型も生育はゆっくりです。この時期は施肥を行いません。

植物育成用LEDでの補光

市販の植物育成用LEDを使うと、暗い室内でも十分、光を補える。発熱するので植物から30cm以上離し、光の強さを調整。1日9〜12時間当てる。

原生地を訪ねる

　アフリカ南部は独特のフローラ（植物相）が広がる地域。ユーフォルビアを代表する種類の多くも、この地がふるさとです。原生地を訪ねると、それぞれの植物がどんな環境に育ち、どのように生きているのか を見ることができます。多肉植物の宝庫といわれる南アフリカ西部（西ケープ州、北ケープ州）からナミビアにかけてのナマクアランド、そして南アフリカ南東部（東ケープ州）の原生地を紹介します。

1　ナマクアランド （南アフリカ西部からナミビア）

スコエンランディー

Euphorbia schoenlandii

和名は闘牛角（とうぎゅうかく）。柱形タイプで幹が伸び、株元から群生する。高さ1mを超すことも。

西ケープ州に広がる海岸平野の村パベンドルプ近く。浜辺から少し入った砂地に多数群生していた。一帯は乾燥地帯で海からは強い風が吹きつける。

ラミグランス

Euphorbia ramiglans

タコものタイプの小型種。小さな突起で覆われた2cm弱ほどの枝を塊茎から出し、こんもりとドーム状になる。

北ケープ州北西部の海岸近く、ルート382沿いの場所。小石混じりの砂地から枝先を地表に出す。ここまで枝が露出している株は少ない。冬型のメセン類のフェネストラリアやコーデックスのオトンナ・フルカタなどが近郊に見られ、タコものも冬型に近い種があることがわかる。

ナミビアの国境付近。地平線が見渡せる広大な砂漠地帯に、ぽつりぽつりと生えている。灼熱で風も強い厳しい環境。近くの山側にはこの地を代表するパキポディウム・ナマクアナム（和名・光堂）の原生地もある。

フリードリヒアエ

Euphorbia friedrichiae

和名は白鬼塔。幹から青白い枝が出て、細かく分岐。枯れて灰色になり、花柄とともに長く残る。幹は高さ20cmになることも。

H. Tsuruoka

ルディス

Euphorbia rudis

低木タイプ。幹は地中。地表付近から数多くの枝を出し、混み合う。枝は小さな突起に覆われ、花柄の跡が残る。

H. Tsuruoka

北ケープ州の内陸部の町、ポファデールの川の近くで、石に囲まれるようにして生えているのを見かけた。標高は1000m近い。ブッシュマンランドと呼ばれる地域で、近郊ではアボニア、リトープスのほか、ラリレアキア・アカクティフォルメ（和名・仏頭玉）などのコロニーも見られた。

2 南アフリカ南東部 （東ケープ州）

H. Tsuruoka

黄刺エノプラ

Euphorbia heptagona
(syn. Euphorbia enopla)

柱形タイプの代表格。主に西ケープ州から東ケープ州のまたがるカルー高原の北向き斜面に自生。25ページ参照。

東ケープ州のマカンダ（旧名・グラハムズタウン）の近郊。大小の石が散らばる場所に黄刺、赤刺の個体が入り交じり自生。ナマカルー（ナマ乾燥林）と呼ばれる生物群系の東端で、周囲にはトリコディアデマ、オキザリス、エリオスペルマム・クーペリなども見られた。

灌木が生えた丘陵地で、訪れた11月は緑が多かった。左の2種は同じ地域に見られた。どちらも塊茎を地中に埋め、枝のみを露出し、目立たない。最低温度2℃まで下がる地域で、周囲にはペラルゴニウム・ロバツム、クラッスラ・コチレドニス（円刀）、エリオスペルマム・ドレゲイなども見られた。

ゴルゴニス

Euphorbia gorgonis

タコものタイプ。36ページ参照。

ステラータ

Euphorbia stellata

和名・飛竜。コーデックスタイプ。49ページ参照。

カナリア諸島の人々に愛される固有種

カナリア諸島はモロッコ沖の大西洋に浮かぶ島々。カナリエンシスは強い日光と風が当たる山の斜面や海沿いの断崖に自生。枝分かれし、大株になり、独特の景観をつくり出す。

カナリエンシス

Euphorbia canariensis

柱状タイプ。カナリア諸島の固有種。32ページ参照。

シンメトリカの原生地

寄稿　河野忠賢 (The Succulentist)

原生地はカルー高原の中央部の東ケープ州ウィローモアからビューフォートにかけて。タコものタイプのデセプタなども、時折シンメトリカと隣り合って見ることができた。この一帯は非常に多肉植物の種類が豊かで、サルコカウロンやアナカンプセロスのほか、コノフィツムやプレイオスピロスなど多くのメセンの仲間も見られる。共在する種を知れば、日本で春秋に旺盛に成長することにも納得がいく。

右／ブッシュの陰で多くの種と共存。斜めに傾いて生きるさまは、自生地ならではの姿。

シンメトリカ

Euphorbia obesa
ssp. *symmetrica*

球状タイプ。オベサの亜種。18ページ参照。

左／メセンのブッシュに埋もれるように、直径5cmほどの若い苗が生えている。原生地ではこうした姿はよく見られる。
右／訪れたときは、今まさに、生育期の始まりというタイミング。花芽が一斉に動きだしていた。

column

ハビタットスタイルを楽しむ

　多肉植物を単に鉢に植えて観賞するだけではなく、原生地のイメージに近づけて植えつけ、楽しむのがハビタットスタイルです。インターネットを通して、画像や動画で原生地の環境やそこに生きる植物の姿を具体的に理解しやすくなりました。楽しみ方はアイデアしだい。培養土の粒子や色合いを工夫したり、石を配したりして原生地の雰囲気を演出。同じ地域に共存する植物を寄せ植えにすることもできます。

ツベルクラータ

Euphorbia tuberculata

和名は緑仏塔。原生地は南アフリカ（西ケープ州）。突起のある枝が直立し伸びる。力強い逆円錐形の幹を、石の間に露出させて配置。

サブマミラリス
交配種

Euphorbia submamillaris hyb.

原種は南アフリカの旧ケープ州に分布。柱形タイプで枝分かれし、子株も吹きやすい。石を挟んで2株を寄せ植えにし、群生のおもしろさを強調。

原生地と日本の気候

ユーフォルビアを代表する種類が数多く分布するのが南アフリカとマダガスカルです。原生地に近い都市の月別の平均気温と降水量を見てみましょう。いずれも南半球で日本とは季節が逆です。

南アフリカのカルー高原(東ケープ州、西ケープ州、北ケープ州)はステップ気候から砂漠気候で、オベサ、ホリダ、群星冠などが見られます。カルビニアはその西端の都市で、年間降水量196mm。気温の下がる4～8月に雨量がやや多くなります。気温は昼に高くても、夜は大きく下がります。

ポート・エリザベスは東ケープ州の海岸の都市で、近郊にメルフォルミスの原生地があります。西岸海洋性気候で、降雨量はやや多めですが、年間を通じて過ごしやすい気候です。

マダガスカルのトゥリアラは南西部の港町で、夏型のシリンドリフォリア、トレアレンシスなどが分布するトゥリアラ州の州都です。東からの貿易風は中央高地に雨を降らせ、南西部は乾燥します。雨は北西からの海風が吹く12～2月に集中し、雨季と乾季に分かれたステップ気候です。

月別の平均気温(日ごとの値)と降水量

東京
(日本、標高25m)

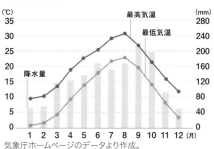

気象庁ホームページのデータより作成。
1991～2020年の平均値。

トゥリアラ
(マダガスカル、トゥリアラ州の州都、標高約8m)

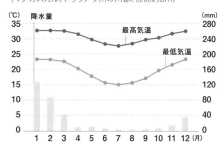

カルビニア
(南アフリカ、北ケープ州の都市、標高約975m)

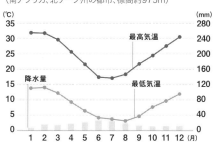

ポート・エリザベス
(南アフリカ、東ケープ州の都市。標高約60m)

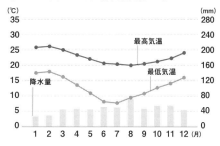

東京以外はアメリカ海洋大気庁「Climatological Standard Normals (1991–2020)」のデータより作成。

育て方の基本

株の入手

●こだわりの1株を見つける

ユーフォルビアは種類が多く、1株ごとに個性の違いが大きいのが特徴です。専門店や販売会などで、実際に株の姿を確認して、選びましょう。

単頭で育つもの、群生株で育つもの、形のよく整ったもの、斑入りや綴化などの変異のあるものなど、その個体が最初からもっている性質は育て方では変えられないため、よく吟味して、最初からイメージに合ったものを選ぶことが大切です。種類や形や特徴にこだわって探していると、希少なタイプや個体に出会えることもあります。

何よりも大切なのは、健全な株を入手すること。チェックポイントは、①株元に傷みや枯れはないか、②株の表面に茶色の斑点やしみができていないか、もし該当するようであれば、病害虫の被害にあっているおそれがあります。最後に、③株全体の肌のつやややかさ。株の状態は種類や季節によっても変わりますが、健康的かどうかは、肌の様子を見るとある程度まで見当がつくものです。傷んだり、生育が衰えたりしている株は避けるようにします。

●新しい環境にゆっくり慣らす

入手直後に、よくある失敗は日焼けです。株にとっては環境が変わるだけでもストレスになり、弱った状態で強い日光に当てると、日焼けを起こしやすくなります。最初は強い日光に当てるのは避け、水やりの頻度も控えめにし、株の状態を観察しながら、少しずつ新しい置き場の環境に慣らしていきます。

また、入手するとお気に入りの鉢に植え替えたり、新しい培養土に替えたりしたくなりますが、あせらず春と秋の生育期を待ってから作業を行います。根詰まりが心配なときは根鉢を抜いて確認し、根が健全であればそのままか、根鉢をくずさず、一回り大きな鉢に「鉢増し」し、改めて春に植え替えます（62～65ページ参照）。

どちらを選ぶ?

同じスザンナエでも、個体によって差がある。左の株は子株が均等にバランスよくつき、整った美しさがある。右の株は子株のつき方や大きさにばらつきがあり、ワイルドな魅力がある。

置き場

●原生地の環境をイメージする

ユーフォルビアは「日光と風通しで育てる」といっても過言ではありません。

ユーフォルビアの原生地の多くは、年間を通じて降水量は少なく、ほとんどの日が晴れて、昼間は日ざしが長時間当たる場所。灌木や岩の間に根を下ろすことはあっても、基本的に吹きっさらしで、周囲は常に強い風が吹き、空気が動いています。

日本の栽培環境下で少しでも原生地の状態に近づけて、健全に育てるには、長時間、日光が当たり、常に風が抜けるような置き場を考えることが必要です。

●日光……遮光もしつつ、長時間当てる

春から秋の生育期は戸外に出し、できるだけ長時間、日光を当てます。サボテンなどとは異なり、高温は苦手なため、温度が上がりすぎない工夫が必要になります。

そこで、日ざしが強い5〜9月は、遮光率20%の遮光ネットの下に置いて育てます。日ざしが強く温度が上昇する6〜8月は、高温を嫌う種類や強い西日が当たる場合については遮光率を30〜40%に高めたほうがよいでしょう。逆に日ざしが柔らかくなる4月や10月は同じ戸外でも遮光ネットは不要です。遮光ネット（寒冷紗）には白色、銀色、黒色などがあります。

冬は寒さを避けるため、室内の窓辺か、戸外の簡易温室などに置いて、長時間日光を当てます。日光が十分当たらず、徒長しやすい場合は、植物育成用LEDライトなどで補光し、1日の合計で8〜12時間の日照時間を確保しましょう。マンション住まいの方で、ユーフォルビアを植物育成用LEDライトだけで栽培している方もいます。

●風……常に空気を動かし、蒸らさない

戸外は風が当たりやすいものの、場所によっては空気がよどむ場合もあります。風が通り抜けやすい工夫をします。周囲の障害物をなくし、棚上など株元や鉢底まで空気が動きやすい場所で蒸れを防ぎます。

室内では窓をなるべく開けて、外から風が入るようにし、窓を閉めるときはサーキュレーターなどを稼働させます。原生地では強風が吹くので、株にサーキュレーターからの風を直接当ててもかまいません。

網状の台に置く

床や棚上に置くときは、下が網状になった台やトレイを利用すると、株元や鉢底まで風が通り抜ける。簡易温室の床にメッシュの鋼材を使った例（61、88ページ参照）。

水やり

●失敗の原因の多くは水やり過剰

　ユーフォルビアが生育の調子をくずす原因の多くは水のやりすぎです。必要以上に水を与えると徒長しやすくなるだけでなく、鉢内が長く湿った状態が続くと根腐れを起こしてしまいます。

　原生地は降水量が少なく、また、砂地や小石混じりの場所が多く、雨季があっても降った雨は日光と風ですぐに乾きます。多肉植物のユーフォルビアは吸収した水分を体にため込み、長期間の乾燥には耐えられます。その反面、根は長く湿った状態に弱いので、常に少し乾かし気味かなと思うぐらいのがほうが安全です。

●水やり後は必ず乾燥させる

　水やりのタイミングは、①培養土が鉢の中まで乾いたのを確認する、②確認後、水やりを行うまでの間隔は時期と株の状態によって判断する、の2点が原則です。水やり後、必ず一度はしっかりと乾燥させることが大切です。

　春や秋で旺盛に成長しているときは培養土が鉢の中まで乾いたら。生育が少しでも停滞してきたら、乾いてもすぐには水やりを行わず数日待ちます。その後、生育が遅くなるのに合わせて1〜2週間程度まで間隔をあけていきます。生育停止期は断水して、まったく水は与えません。

　生育の指標になるのは、枝の先端や小さな葉や花柄などが少しでも動いて成長しているかどうかです。葉がしんなりとしたり、丸まったりする種類もありますが、慌てて水やりをして、水分過剰になりすぎないようにします。

　培養土が鉢の中まで乾いたかどうかは、①培養土の表面を見て乾いている、②培養土に触れてもひんやりとした湿り気を感じない、③鉢底穴から見える培養土が乾いているなどで、総合的に判断します。

　温度が低く乾きにくいときや夏に蒸れやすいときなどは、水やりは株元に行い、幹や葉などには水をかけません。また、生育緩慢期は水の量は鉢の中の培養土が半分湿る程度にします。

　春や秋に旺盛に成長しているときは、雨を降らせるつもりで株の上からたっぷり水をかけてかまいません。

　日光が長時間当たり、風通しもよい場所では水やりの回数は多くなります。与えた水分を早く乾かせることが重要です。

水切れのサイン?

ゴルゴニスの葉は小さく、枯れやすいが、新陳代謝によるもの。慌てて水やりを頻繁に行うと過湿で根が傷む。生育期なら、葉はまた伸びてくる。タコものタイプの水やりは慎重に。

肥料

●適量の肥料で健全な株を育てる

肥料は株を大きく育てるために施すと考えがちです。しかし、ユーフォルビアの場合、肥料を多く施すと、徒長が起きやすく、株姿に締まりがなくなり、きれいな姿で大きくは育ちません。また病害虫にも弱くなるなどのマイナス面もあります。

肥料は適量施すことによって株の体力をつけ、健全な状態に保つものと考えたほうがよいようです。

●培養土に緩効性の肥料を混ぜる

本書では、元肥をベースに考えています。植え替えや鉢増しに使う培養土に固形肥料を元肥として、規定量を混ぜておきます（63ページ参照）。私は有機質固形肥料（N-P-K=2.5-4.5-0.7）を使用していますが、有機質の肥料には有機物由来の成分やミネラル分（微量要素）を施せる利点がある反面、成分が安定しないなど、扱いにくい面もあります。入手しやすい市販の緩効性化成肥料（N-P-K=6-40-6など）を使用することもできます。

1年に1回の春の植え替え、鉢増しをこの元肥入り培養土で行えば、効果はほぼ1年続き、追肥は不要です。植え替え、鉢増しは、秋にも行えますが、冬に向かって生育が遅くなる時期に土の中に多く肥料分が残っているのは、あまりよくありません。肥料の面から考えても、秋は植え替えが必要なものだけ早めに行い、ほかは鉢増しにとどめたほうが無難です。

1年以上植え替えていない場合、あるいは大株になり、2年に1回の植え替えになった場合などは、液体肥料を規定倍率で月1回生育期に施すか、緩効性化成肥料を春と秋の生育期に1回ずつ施します。

ユーフォルビア栽培

Q オベサ、ホリダの育て方のコツは

オベサ、ホリダを集めて育てています。ほかの種類と同じ栽培方法でよいのでしょうか。栽培でここだけは気をつけたいコツはありますか。

A オベサは意外にデリケート。ホリダは冬の徒長に注意

ユーフォルビアのなかでも、オベサは愛好家が最も多く、人気の種類。2番手はホリダ、3番手はバリダで、この3種がユーフォルビア御三家ということになります。

オベサはほかの春秋型と比べると、デリケートなところがあります。春に頂部から伸びる蕾や花に、うどんこ病が発生しやすい傾向があります。オベサは春先に蒸らさないような注意が必要です。

また、植え替えなどで根を傷めた場合、ほかの種類であれば、少したつと新しい根が動きだして、元の成長に戻りますが、オベサは、一度根が傷むと、その後の動きだしが遅く、なかなか勢いが回復しません。植え替え時にはなるべく根を傷めないようにていねいに扱う必要があります。通常、1年に1回の植え替えも、その間の生育によっては、もう1年待ったほうがよい場合もありえます。

オベサはタネまきから数年たち、株の直径が5〜13cmほどになると、株が上へ伸び始め、徐々に円筒状になります。幼株とは異なり、このころには根の勢いは落ち着き、根を傷めるとさらに生育が遅くなりがちです。この段階になったら、植え替えは2年に1回にするか、根鉢をくずさない鉢増しにして、様子を見るのが安全です。

ちなみにバリダは生育はオベサに近いものの、根はオベサほどデリケートではありません。

一方、ホリダはオベサ、バリダと異なり、ユーフォルビアのなかでも寒さに強いほう

左はタネから4年目の株。右は15年以上たった高さ30cm以上の株。立ち上がり始めたら植え替えは2年に1回に。

で、性質も比較的強健です。

　ありがちなのは、冬に暖かい室内に取り込んでいると、成長が続いてしまい、日光不足から徒長して、株姿が乱れてしまうことです。冬に休めていないので、春の生育期になってから、成長が悪くなることもあります。春秋型には多かれ少なかれ、こうした傾向がありますが、ホリダの仲間には特に注意が必要です。

　なお、ホリダは現在、学名ではポリゴナの変種として表記されることがふえていて（*E. polygona* var. *horrida*）、同じポリゴナの仲間のノースベルデンシスなどとともに好んで栽培されています。

 Q サボテンと
同じ置き場で
育てられる?

似たものどうしで、球形タイプのオベサやメロフォルミスを、同じ形の玉サボテンと一緒に並べて育てています。ユーフォルビアのほうが元気が出ないのですが……。

 A サボテンは
夏型がメイン。
水やりや温度の
違いに注意

　ユーフォルビアとサボテンを同じ置き場で育てることは可能です。注意が必要なの

は、サボテンはユーフォルビアよりも高温に強いものが多く、生育型は基本的に夏型だということです。ユーフォルビアの多くはサボテンよりも低い温度帯でよく成長し、春の動きだしが早く、夏は生育を停滞させ、再び秋に成長して秋の遅くまで生育を続けています。

　夏の水やりでは、サボテンも、回数、量ともに減らしますが、サボテンのほうがより水を欲しがる傾向にあります。それにつられてユーフォルビアにも水を与えると、根が傷んで枯れてしまいます。ユーフォルビアはサボテンよりも夏の高温多湿に弱いので注意します。

　もし調子をくずした場合、表に現れやすいのはユーフォルビアです。理由の一つとしては、ユーフォルビアのほうが成長が早く、サボテンは比較的ゆっくりだからです。根傷みなどのトラブルがあれば、ユーフォルビアのほうが、枝や葉などの動きに現れやすいので、先に目につきます。その分、早く対処することができ、それ以上の悪化を防ぐこともできます。サボテンは何も変化がないようで、突然調子をくずし、気づいたときには回復不可能ということが起こりがちです。

　1株ごとに種類や生育状態に合わせた管理を行うのが栽培の基本です。種類ごとの性質を理解するまでは、できれば置き場は分けて栽培したほうが間違いがありません。

Q マダガスカル原産の コーデックスタイプの 育て方

マダガスカル原産のコーデックスタイプを
育てています。夏に数株、枯らしてしまいま
した。夏越しのコツはありますか。

A 高地原産の 種類は乾かし気味に 育てる

　マダガスカル原産のユーフォルビアには
特徴的なフォルムをしたものが多く、特に
最近では塊茎がふっくらとしたコーデックス
タイプが人気です。代表的な種類は、イ
トレメンシス、スバポダ、スパンリンギー、プ
リムリフォリアなどで、これらはいずれもマ
ダガスカルの高地の降雨量が少ない地域
原産です。

　日本で育てると、春に花を咲かせ、葉を
出し、秋の終わりには葉をすべて落としま
す。寒さに弱く、冬には生育を停止するの
で生育型は夏型ですが、日本の高温多湿
の夏には弱く、より正確には「春秋型に近
い夏型」と考えたほうがよいでしょう。

　一般的な夏型のつもりで、夏に水やりを
頻繁に行うと、過湿で根を傷めてしまいま
す。一晩で急速に株全体が腐ってしまうこ
ともあれば、夏の間に起きた根腐れで、秋
になっても生育ができず、徐々に衰弱して

枯れてしまうこともあります。肥料が多す
ぎても、同様に根が傷みやすいようです。

　梅雨に入ったら、水やりの間隔を十分に
あけ、乾かし気味に育てます。強い日光を
避け、梅雨が明ける前には遮光率30〜40
％の遮光ネットを設置し、戸外でもサーキ
ュレーターを稼働させるなどして、涼しく
します。高温期に株元に直接強い日光が
当たると、塊茎が傷んだり、腐ったりしやす
いので、遮光、風通しは大切です。

　塊茎の形を楽しみたいコーデックスタ
イプですが、原生地では塊茎は土の中に
あり、地表にはほとんど露出していません。
生育状態によっては、塊茎を培養土に埋
めて、日光に当てないことも必要かもしれ
ません。秋は早めに室内に取り入れ、冬は

**マダガスカルの高地が原産の
コーデックスタイプ**

左はプリムリフォリア。むっちりとしたサツマイモ形。
右はラメナ。イモ状の塊茎から、枝がうねるように伸
びる。

断水し、最低温度7℃以上で管理して、休ませます。

　なお、マダガスカル原産のユーフォルビアには低木タイプの種類が多くあり、その多くが夏型です。特にハナキリンの仲間は夏の暑さには強く、日本でも戸外に置いて雨に当てて育てることもできます。こうした低木タイプにも、株元がふくらんでコーデックスになる種類もあります（ミリー・テヌイスピナ、ミリー・ロゼアナ、ロッシーなど）。同じマダガスカル原産でも、これらの種類と高地が原生地のコーデックスタイプは管理の方法が大きく違うので、注意しましょう。

Q 株全体が白っぽくなり生育が止まった

株全体の緑色が抜けて、色が薄く、白っぽくなってきました。生育も止まってしまったようです。何かの病気でしょうか。

A 根詰まりの症状。生育期に植え替える

　株の一部に異変が起きて、緑色が抜けるのであれば、日焼けが考えられます（78ページ参照）。株全体の色の抜けるのであれば、根詰まりによって、根の活動自体が弱っていると考えてよいでしょう。

　鉢から根鉢を取り出して、根の状態を確認します。植え替えをしばらく行っていない

ようであれば、春か秋の生育期を待って根鉢をくずして植え替えます。根詰まりの程度にもよりますが、秋の生育期であれば、根鉢はくずさず一回り大きな鉢に鉢増しをして、翌春に根鉢をくずして植え替えてもかまいません。

　夏に根腐れで調子をくずすと、直近の水やりなどの管理に原因を求めがちですが、じつは4〜5月の水やりが原因で根を傷めたものが、夏になって地上部に現れてくることも多いようです。異変が起きたら、前の季節までさかのぼり、長期にわたって管理を見直すとよいでしょう。

色のあせた株　　　正常な株

全体の色あせは根詰まり

オンコクラータ綴化の例。根が水分、養分を吸収できないので、生育できず、色も悪くなる。

Q 枝の太さが一定しないで間のびしている

枝が太くなったり、細くなったりして、間のびした印象です。どうすればきれいに育てられますか。

A 充実した枝をさし木して仕立て直す

柱形タイプや低木タイプなどは枝分かれして、新しい枝が伸びていきますが、その途中で、太さが変わることがあります。細くなるのは徒長で、枝が充実しないで、先へ先へと伸びてしまった証拠。枝が太くなったり、細くなったりするのは、時期によって徒長と充実を繰り返したためでしょう。

徒長は、ベランダや室内の窓辺で極端に日光に当たる時間が短かったり、水やりの間隔が短すぎて鉢内の水分が乾ききらないと、起こりやすくなります。生育は日光と風通しと水やりによって決まるので、日光が不足するときは水やりの間隔をあけて、風通しをよくすると徒長を防げます。逆に日光に長時間当たり、風通しも十分に確保できている場合は、多少多めの水やりを行っても徒長はほとんど起きません。「常に乾かし気味に」を意識しながら、株の状態を見て、水やりを行いましょう。

徒長は直すことはできないので、そのままの姿を楽しむか、太く充実した枝をさし木をして、新たな株に仕立て直します。

最近伸びた部分。充実して太い

徒長して姿の乱れた株

白樺キリンの例。枝の途中が細長く徒長している。先端の動きをよく観察して随時、水やりの間隔を調整。

前に伸びた部分。徒長して細い

Q 乳液が手についた

乳液が手の皮膚についてしまいました。毒があるそうですが、大丈夫でしょうか。

A 流水でよく洗い流す

枝や葉を切ると白い乳液が流れ出るのはユーフォルビア属の特徴です。成分には毒性のある物質も含まれ、皮膚につくと炎症を起こすことがあります。乳液のついた手袋でうっかり顔などに触れると、そこが腫れ上がったり、刺激で涙が止まらなくなったりすることもあります。

植え替えやさし木などの作業で、ユーフォルビアに触れるときは、必ずゴム製の

手袋を着用します（使い捨てのものが安心）。肌に付着した場合は、すぐに流水で洗い流します。乾くと固まるので、その場合は石けんや消毒用アルコールなどを用いて落とすようにしましょう。道具に付着した乳液も忘れずに落とします。

　この毒は草食動物に食べられないように発達したものといわれます。毒性の強さは種類によって異なり、アフリカでは矢毒キリンなどの乳液を狩猟に使う吹き矢の毒として利用してきた歴史もあります。

　ちなみに学名のユーフォルビアはリンネの命名ですが、紀元1世紀ごろにこの植物の仲間が下剤として利用できることを記した医師エウポルボスの名前に由来します。乳液にはさまざまな成分が含まれ、有効成分の研究も盛んに行われています。

Q　病害虫対策で
使用できる薬剤は

うどんこ病やハダニの発生が心配です。どんな薬剤がありますか。

A　適用のある薬剤を
調べてみよう

　市販の農薬は、農薬取締法に基づき農林水産省が登録したもので、それぞれの製品について、使用できる作物名（植物名）、適用できる病害虫、使用する時期、総

使用回数などが定められています。

　農薬名については、農水省の「農薬登録情報提供システム」のホームページから検索してください。多肉植物、サボテンについては「花き類・観葉植物」に含まれ、適用作物の項目に「花き類・観葉植物」の表記がある薬剤に関しては使用できます。

　具体的には、アブラムシやハダニについては家庭園芸向けのスプレー式殺虫剤などが、カイガラムシ類についてはエアゾール式殺虫剤などがあります。また、うどんこ病についてもスプレー式のものが販売されています。黒星病には特定防除剤（特定農薬）が市販されていて、予防に利用できます。いずれも製品についている使用方法をよく読んで、安全に使いましょう。病気が発生した場合は伝染のおそれもあるので、ほかの株からの隔離も大切です。
※2024年6月現在の情報です。

H. Tsuruoka

ナメクジに食害を受けたオベサ

置き場が湿っているとまれにナメクジが発生することも。このオベサは一晩のうちにかじられ、翌日には傷んで枯れた。園芸用のナメクジ駆除剤もある。

Q タコものタイプを かっこよく育てるには

ゴルゴニス、ガムケンシス、ラミグランスなどを育てています。枝が思ったよりも細く伸びてしまい、かっこよく育ちません。

A 昼と夜の温度の メリハリにも 気をつける

　タコものタイプは、枝が数多く放射状に伸びてうねり、独特の株姿になるのが魅力です。枝は太く育つと、全体に力強く、引き締まったかっこいい株姿になりますが、管理によっては、枝が細長く伸びて、締まりがなくなり、弱々しくなりがちです。

　徒長を避けるには、106ページの「間のびした株」の場合と同様、日光、風通し、水やりのバランスが大切ですが、タコものタイプは葉が小さく、枝が多くて形も曲がった種類が多いため、変化がわかりにくく、水やりのタイミングを計りづらいのが難点です。水やりはあせらず慎重に行い、十分に間隔をあけることも必要です。

　タコものタイプで特に気をつけたいのは温度の管理です。冬は最低温度2℃まで耐える種類が多く、比較的低い温度でも生育が続くため、日光不足と相まって、冬の間に徒長が進むことがよくあります。

　春と秋の生育期にも、昼と夜の温度差に気をつけます。例えば、一日中20〜25℃の温度が続くと、夜間も成長が止まらず、枝が徒長する原因になります。置き場に昼間の熱がこもらないよう、換気を図り、昼と夜で温度のメリハリをつけるようにしましょう。

　日光不足が続くと、枝は先端ほど細く、色も淡く黄緑色になってきます。こうした弱々しい株には、春先の温度が上昇して乾燥する時期や、梅雨明けの高温乾燥期に、ハダニが発生しやすくなります。ハダニは幹の株元や中心部から出始めることが多いので、日ごろからチェックして、気づいたら早めに薬剤で防除します。

　タコものタイプは、新陳代謝により、古くなった外側（株元）の枝から枯れてきます。植え替え時には、枯れた枝は必ず取り除き、株元をすっきりさせましょう（64〜65ページ参照）。逆に植え替えを怠って、生育の勢いが鈍った株などに、ハダニはつきやすくなります。日ごろから健全に育てることが大切です。

ハダニの被害の痕

アトロビリディスの幹の中心部に残るハダニ被害の痕で、新芽が茶色く変色している。薬剤散布などでしっかり防除。発生が収まれば回復し、再び健全な新芽が伸び始める。

用語解説

塊茎（かいけい）、塊根（かいこん）

茎もしくは根が肥大し塊状になったもの。養分や水分を貯蔵する。多肉植物では形のおもしろさから観賞の対象になる。俗に「イモ」と呼ばれることがある。

かき子（かきこ）

親株から枝分かれして子株ができることを「子吹き」といい、この子株を切り取ること、およびそれを育てることを「かき子」という。

花柄（かへい）

花や花序をつける茎。花梗ともいう。

灌木（かんぼく）

低木のこと。主に幹が細く、複数の幹が株立ち状に伸びるものをいう。樹高は高くても2～3m程度。

群生株（ぐんせいかぶ）

1つの株から子株がいくつもでき、群れになって生育している株のこと。

原生地（げんせいち）

植物が自然の状態で生育している場所のこと。

交雑（こうざつ）

人工的に交配してつくり出したものではなく、自然にほかの種や品種の花粉がついて受粉すること。それによって生まれた種や品種は交雑種という。

交配種（こうはいしゅ）

異なる種どうしがかけ合わされて生まれた種や品種のこと。ユーフォルビアは主に昆虫によって受粉するが、栽培上、人の手によって受粉させる場合もある（人工授粉）。同じ種でも異なる系統をかけ合わせた場合も交配種ということがある。

コーデックス

塊根・塊茎植物のこと。根や茎が塊状になった植物の総称。

自家受粉（じかじゅふん）

同じ株の花の雄しべの花粉と、同じ株の花の雌しべとの間で受粉が行われること。

種（しゅ）

分類上の基本単位。同じような特徴をもった個体の集まりで、互いに交配し子孫を残せることを基準とする考え方が一般的。

雌雄異株（しゆういしゅ）

雌花がつく株（雌株）と雄花がつく株（雄株）が個体ごとに異なること。

雌雄同株（しゆうどうしゅ）

雌花と雄花が同じ株につく植物のこと。

単頭（たんとう）

ユーフォルビアでは主に球形タイプに使われる。枝分かれせず、成長点が1つで、球形になったものをいう。枝分かれをして、成長点が複数になったものは多頭と呼ばれる。

トリコーム

毛状突起とも呼ばれる。葉や茎の表面に生える細かな毛で、強い光や乾燥などから守る。光の反射で白く見えることがある。

杯状花序（はいじょうかじょ）

ユーフォルビア属に特徴的な花のつき方で、椀状花序ともいう。花序は花のつき方のこと。基部に苞葉が集まって杯のような形になり、それに包まれて中央部に1つから複数の花ができる。雌雄同株の場合、中心に雌花が1つ、その周囲には複数の雄花がつく。雌雄異株の場合、雌株は花序内に雌花は1つ、雄株は花序内に雄花が複数つく。1つの雄花の雄しべは1本のみ。花序全体として花のように見える。

苞葉（ほうよう）

苞ともいう。花を包むように変化した葉。花の基部にある。ユーフォルビアでは花弁のように見える種類が多い。

実生（みしょう）

タネから植物を育てること。育った株は「実生株」という。

稜（りょう）

茎や枝の線状に角張った部分のこと。

ユーフォルビア 学名索引

本書に写真を掲載したユーフォルビアの学名を
種小名（園芸品種名）のアルファベット順に
一覧にしました（属名である*Euphorbia*は省略）。

ユーフォルビア 和名索引

NHK 趣味の園芸

12か月栽培ナビ NEO

多肉植物
ユーフォルビア

2024年7月20日 第1刷発行

著者／靍岡秀明
©2024 Tsuruoka Hideaki
発行者／江口貴之
発行所／NHK出版
〒150-0042
東京都渋谷区宇田川町10-3
電話／0570-009-321（問い合わせ）
　　　0570-000-321（注文）
ホームページ
https://www.nhk-book.co.jp
印刷／TOPPANクロレ
製本／ブックアート

靍岡秀明

つるおか・ひであき／1972年、東京都生まれ。昭和5年創業の多肉植物・サボテンの老舗の三代目。「サボテン愛」をモットーに、ていねいに栽培、管理した丈夫な株を販売する。近年、ハオルチア、アガベ、ユーフォルビアに力を入れており、販売している種の数は日本有数。

鶴仙園
〒170-0003
東京都豊島区駒込6-1-21
☎03-3917-1274
http://sabo10.tokyo/

アートディレクション
岡本一宣
デザイン
小埜田尚子、久保田真衣
加藤万結
（O.I.G.D.C.）
撮影
田中雅也
イラスト
楢崎義信
写真提供・撮影協力
長田清一、長田 研、河野忠賢、
小穴正純、堀畑進之介、
沼尾嘉哉、田中基也、
靍岡貞男、靍岡十夢
DTP
ドルフィン
校正
安藤幹江、髙橋尚樹
編集協力
三好正人
企画・編集
宮川礼之（NHK出版）